餐桌上的那点事儿

鹿童　童村　编著

九州出版社
JIUZHOUPRESS

图书在版编目（CIP）数据

餐桌上的那点事儿/鹿童，童村　编著．—北京：九州出版社，2010.1

ISBN 978-7-5108-0308-6

Ⅰ．①餐…　Ⅱ．①鹿…　②童…　Ⅲ．①饮食-文化-通俗读物

Ⅳ．①TS971-49

中国版本图书馆 CIP 数据核字（2010）第 005359 号

餐桌上的那点事儿

作　　者	鹿童　童村　编著
出版发行	九州出版社
出 版 人	徐尚定
地　　址	北京市西城区阜外大街甲 35 号（100037）
发行电话	（010）68992190/2/3/5/6
网　　址	www.jiuzhoupress.com
电子信箱	jiuzhou@jiuzhoupress.com
印　　刷	北京楠萍印刷有限公司
开　　本	170 毫米×240 毫米　16 开
印　　张	15
字　　数	210 千字
版　　次	2010 年 2 月第 1 版
印　　次	2010 年 2 月第 1 次印刷
书　　号	ISBN 978-7-5108-0308-6
定　　价	29.80 元

目　录

一、厨房里的那些政治事件

二、餐桌上的那些牛人

三、菜谱里的那些泪水

四、灶台上的那些食神

五、烹饪圈里的那些狂人

六、饭桌上的那些文人

七、食堂里的那些冤家

一、厨房里的那些政治事件

1. 一个厨子竞聘宰相时的精彩演讲

伊尹是商汤时杰出的政治家。中国历史上的第一位平民宰相，也是为中华烹饪文化作出贡献的第一人。据说，他的母亲当年住在伊水边上，所以以水为氏。后来，水氏有了身孕。一天晚上，她做了一个梦，梦见一位神人对她说：“你如果看见了石臼里往外冒水，就赶紧往东边跑，可千万不能回头看啊！”说来也巧，第二天，她果真就看见了一只石臼里正往外冒水，便马上告别了邻居，向东方跑去了。一口气跑了十几里，她便住下脚喘了口气，这时，忍不住回头看了一眼她家乡的方向，此时，那里已经变成了一片汪洋。此情此景，由不住让她心中一阵悲伤，恰恰就在这时，忽然感觉到腹中一阵涌动，便在近处的一片桑树林里产下一子，可是，儿子落生下来，她却一命呜呼了。这时，有一名采桑女名叫有莘氏，来到这片桑树林里采桑，听到一阵婴儿的啼哭声，便将这孩子抱回了家中。这个孩子就是后来的伊尹。

伊尹自小聪明好学，虽然他身材短小，面庞不出众，但聪明异常，志向远大。伊尹长大后很有才能，而且足智多谋，又善于烹调，所以声名颇大。商汤听说伊尹的才能后，便派人向有莘氏索要伊尹，不料却遭到了她的拒绝。伊尹知道了这事，虽然打内心里也想投奔商汤，却又没有别的办法。好在不久后，商汤终于想出了一个好办法，十分虔诚地向有莘氏请求与她的女儿成婚。有莘氏听了，自然十分高兴，于是决定让伊尹做她女儿的随嫁之臣，就这样，伊尹背负着玉鼎和砧板来到了商汤那里。

商汤终于得到了伊尹，心里高兴，便在宗庙里为他举行了隆重的除灾去邪仪式。紧接着又举行朝见仪式，趁机向他询问天下大事。伊尹从烹调美味的诸多技术要领和烹饪理论的角度，引发出许多治国平天下的道理。伊尹以做菜来打比方说："做菜不能太咸，也不能太淡，只有把佐料放得恰到好处，火候也掌握得合适，菜才能好吃又有味。治理国家也和做菜是一个道理，既不能急于求成，也不能拖沓懒散，只有张弛有致，才能把事情办好。"商汤和伊尹相谈后，顿觉相见恨晚，当即命伊尹为"阿衡"（宰相）。伊尹为报答商汤的知遇之恩，全力以赴帮助商汤筹划进攻夏的大计，在商汤和伊尹的经营下，商的力量开始壮大，想进攻夏桀。伊尹建议商汤停止向夏桀进贡，看夏桀如何动作，以探测夏桀的实力。夏桀果然非常愤怒，征调九夷的兵力，要来伐商。伊尹当即劝商汤说：“夏桀还能调动兵力，我们伐他的时机还未成熟。”于是，商汤又向夏桀进贡。伊尹看到时机成熟时，又一次建议商汤停止向夏桀进贡。夏桀因为暴行天下，这次他未能调动军队，于是伊尹便向商汤建议起兵。商汤听从伊尹的建议，很快就打败了夏桀的军队，并把夏桀流放到南巢，夏王朝从此灭亡，诸侯们拥戴贤德的商汤为“天子”，建立商朝。

2. 筷子里显露的兴亡

纣是商朝最后一任君主，名受，号帝辛，史称“纣王”，帝乙的儿子。

纣天资聪敏，体格魁伟，勇力过人，能赤手与猛兽搏斗，能言善辩，恃才傲物。帝乙死后，纣继位为王。纣王好酒色，喜淫乐，广建苑囿台榭，宠爱美女妲己，唯妇言是听，厚敛赋税，高筑“鹿台”，命乐师师涓作“北里之舞”、“靡靡之乐”等淫声怪舞，又“以酒为池，悬肉为林”，通宵达旦地饮酒作乐，不理朝政，不祭鬼神。纣王的这种昏淫无道，终于致使天下百姓心生怨恨、诸侯纷纷离去。为重振自己天子威风，纣王作“炮烙之法”：用青铜制成空心铜柱，中间燃以木炭，将铜柱烧红，凡有敢于议论他是非的人，一律绑在铜柱上，活活烙死。之后，纣王又因九侯之女厌恶宫中生活而肉醢九侯。他的这一举动，立时激怒了朝臣，但是大家只是敢怒而不敢言。鄂侯仗着自己在朝中的地位，站出来与纣王进行激烈的争辩，指责纣王的无道，由此惹怒纣王，当即便将他处死，并制成干尸示于众人。纣王淫乱一日更甚于一日，他的庶兄微子不忍心坐视国家的灭亡，苦苦劝说纣王却没有成功，不得不逃离王朝，隐居民间。

箕子是纣王的叔父，和许多人一样，他对纣王的暴政也早有不满。有一次，箕子看见纣王用餐时使用的是象牙筷子，于是便在心中暗想：纣王今天使用了象牙筷子，明天必然不会再愿意使用普通的盛器，一定会改用犀玉打造的杯盏；有了象牙筷、犀玉杯，必然不会用它再盛装素日常用的羹汤，而改吃旄象豹胎；吃着旄象豹胎，必然不会再穿粗布衣衫，不会再住茅屋草房，一定会改穿锦衣，住华舍，这样下去，只怕商朝就要一步步走向灭亡了。箕子越想越后怕，于是再三劝谏纣王，可纣王置若罔闻。后来，怕引起不测，箕子心生一计，便装扮成疯子，混迹在奴隶之中。纣王发现后，当即命令手下的武士把他囚禁起来。纣王的叔父比干亲眼看见微子逃隐而去，箕子混迹在奴隶中间，心中非常伤感，又觉得他们没能够尽到臣子的责任，认为人主有过错而不劝谏就是不忠怕死而不敢进谏就是不勇。于是他以死相争，接连三日苦苦劝谏纣王，不肯离开一步。纣王非但不听，反而恼羞成怒，于是下令杀死了比干，并用刀把他的心脏剖出来，声称要看圣人的九窍之心，极其残暴。

纣王昏乱暴虐，愈演愈烈，囚箕子、杀比干，人民的不满无以复加，连太师、少师都抱着乐器奔周而去。纣王荒淫、残暴已极，终于招致八百诸侯的反叛。他们与周武王结盟，在牧野（今河南淇县西南）大败纣军，纣王被逼自焚于鹿台，商朝随之灭亡。

3. 吐了五千年的一口热饭

周公是西周初年杰出的政治家，姓姬名旦，是周文王之子、武王之弟。

武王伐纣成功，推翻商朝，建立了周朝。为了使自己的统治得到加强，周武王实行封侯制，即把自己的王室成员、有功之臣封为诸侯来分管各部地区。诸侯可以拥兵，但必须随时听候天子的调遣。武王把在东征灭殷之战中功勋卓著的军师姜太公封在营丘（今山东临淄），称齐国；封弟弟周公旦在曲阜（今山东曲阜），称鲁国；封弟弟召公于燕国（今北京一带），称燕国。周武王让殷纣王的儿子武庚安管理殷余民。武王想用这种办法，化解商朝旧奴隶主贵族的敌对情绪，保持天下的安定。可是把一块地方交给武庚去统治，心里又觉得不是很稳妥，于是周武王就把商朝的旧地划分出两块来，让自己的两个弟弟鲜和度去管理，以便就近监视武庚，防止他作乱。鲜的封地被定名为管国，所以历史上就把鲜叫做管叔鲜；度的封地被定名为蔡国，历史上把度叫做蔡叔度。

分封完毕后，诸侯们分别前往封地而去。周公准备好了行装，也和诸侯们一样，就要到鲁地就封。不想，向武王辞行时，却忽然发现武王的神情十分沮丧，于是急忙问明原因，才知道武王打内心里很不情愿让几个心腹重臣离他远去。周公沉思片刻，觉得周朝初建，战乱之后，百废待兴，确实需要有人留在武王身边辅佐，思来想去，又觉得其他人都不合适，于是就主动请求留下来，而让自己的儿子伯禽代他前往鲁国就封。

没想到，周武王在完成了灭商建国的大业不久便积劳成疾。临终前，他把年幼的儿子姬诵和军国大事一并托付给了周公。周公为武王举行了隆重的葬礼，然后又把诵扶为天子，就是周成王。因为成王那时候还没有成年，所有一切军国大事都由周公代为办理。

周公从小在先王周文王身边长大，接受了文王的言传身教；加之武王生前与他关系密切，感情十分深厚，如今管理起国家大事来，自然是竭尽全部的力气。为了治理好国家，周公想尽一切办法招贤纳士。为了接待贤能的人，他经常忙得不可开交。有一次，周公正在洗头发，刚把头发浸湿，忽然外面走进人来，说有急事需要报告。周公听罢，连忙握着湿淋淋的头发，出去接待来人，等办完事情后再回来接着洗头发；可是才洗到一半儿，又有人进来报告事情，周公二话没说，还是握住湿头发走了出去。一直等忙完要办的事情，这才有空把头发洗完。

有一次，周公正在吃饭，刚把一块肉放进了嘴里，忽然听得外边有人来访。于是，周公马上把嘴里的肉吐出来，忙站起身来去迎接客人。就这样一顿饭的工夫，家里边竟来了三次客人，而周公如此连吐了三次饭菜。家人在一旁见了，十分心疼地说："您不能吃完饭再会客吗?"周公摇摇头回答说："这些宾客来访，不是有紧急事务，就是有好的建议。我恨不能马上听听，怎么能怠慢人家呢?"就这样，周公为了周朝的大业，废寝忘食，呕心沥血。

正因为周公如此礼贤下士，所以天下的许多有贤之士，纷纷投靠于他，从而使得天下太平、国富民殷。

周公死后，周成王为了表彰他为国家鞠躬尽瘁的功德，所以命周公的子孙鲁君可以祭祀文王，并行天子之礼乐。后来，"周公吐哺"一词便成了求贤若渴、求才心切的代名词。一些有志之士，更将它视作自己的行为准则。后来，曹操在《短歌行》中，抒发他招纳贤才、建立功业的意志时，这样写道："山不厌高，水不厌深。周公吐哺，天下归心。"

4. 吃了政治家的酒饭之后

赵盾，春秋时期的晋国宰相。一天，赵盾来到郊外，看到一个壮年的男子有气无力地躺在一棵桑树底下，便走上前去，问他为什么躺在这里。那男子抬起头来，声音微弱地回答他说：“我的家里半粒粮食都没有了，已经饿了好多天了。尽管这样，我仍然不想去偷盗别人家的粮食。可是今天，我看见这棵桑树上的果实已经成熟了，于是便躺在了这棵树下，等到树上的果实熟落到地上后，好捡起来以此裹腹充饥。”赵盾闻听此言，不禁在心里对这个男子暗自称道。紧接着，赵盾让人给这个男子拿来好吃的酒和饭，让他好好地饱餐了一顿。那个男子看到赵盾让人送来的这么好的酒和饭，再也顾不得许多，狼吞虎咽一番后，招呼都不打一个，便带着剩下的那些酒和饭，拂袖而去。赵盾望着他的背影，只是微微一笑，却并没在意。

晋灵公即位后，素日里滥杀无辜，骄横万端。有一次，他手下的一个厨师因为没有把熊掌煮熟便端上桌来，晋灵公立时怒起，扬手便把他杀了，并且把他剁成了许多节，然后让人抬了出去。这件事情正巧被赵盾遇见，于是，赵盾面对晋灵公极力劝谏，晋灵公非但不听，反而怀恨在心。当时，晋国有一个重臣屠岸贾，这人阴险奸滑，便趁机游说晋灵公，让他除掉赵盾，以此排除与自己作对的人。晋灵公听信了他的话，便答应下来。

不日，晋灵公夜派刺客欲杀赵盾。那名刺客来到赵府，看到赵盾处理完公文后，开始准备上朝，但是因为天色还早，便正襟危坐在那里，一边处理公务一边等待天亮。刺客看罢自觉羞愧，认为赵盾勤于政务且有礼有节，是为忠臣。杀忠臣，对不起晋国百姓，不义；不杀，有违君命，不忠。两难之下，刺客别无选择，随即便触槐而死。

屠岸贾一计不成又生一计，一计比一计狠毒。他先在花园中扎起一个大小、穿戴和赵盾相同的草人，然后便开始亲自训养从西戎进贡的一只神獒犬。饿它几日后，觉得机会成熟了，于是，便在那个草人的腹中挂上羊羔的心肺，然后放它来吃。就这样反复几次，那只神獒犬一见此“人”便猛扑猛咬。终于有一天，屠岸贾看到赵盾站在晋灵公榻前，于是上前说道：“我有一神犬，能够辨认大臣的忠奸。”于是便把那只神獒犬牵了出来。此时，那只神獒犬已经被饿了五天了，一见赵盾，立时变得凶狠起来，狂叫一声便猛扑过来，赵盾见状，慌忙绕殿躲逃，幸亏殿前太尉提弥明这时迎来，一瓜锤将那只神獒犬打死。屠岸贾眼见此计没有得逞，又生一计。于是，在他安排之下，预先埋伏在中门外要杀赵盾的武士便冲了进来。于仓皇之中，赵盾拼命逃出殿门，一脚跨上自己的驷马车正要逃走，一看不好，本是四匹马驾着的那辆车子现在仅剩下了两匹，车子的双轮也只剩下了一轮，即使坐上了马车也没有办法驱车前行，此时，后边追来的武士已经来到了跟前。就在这千钧一发之时，忽然从近处的墙后跳出一位壮士，只见那壮士飞身落至车上，说时迟那时快，一臂扶轮，一手策马，驾着那辆身陷绝境的马车飞奔而去。见此情景，如在梦里的赵盾坐在车上禁不住惊异万分，忙问道："壮士，你是何人？为何要救我?"壮士回头望着赵盾答道："我便是那桑树下的饿夫灵辄啊!"

这一段赐食救人最终又被人救起的佳话，在《左传·宣公六年》、《史记·赵世家》、《说苑》等文献中都有详细的记载。后来，元代的纪君祥又将它编入《赵氏孤儿》一剧中，以此昭示后人。

5. 专车司机的愤怒

华元，春秋时宋国人，公族大夫，曾伴随宋国三位君主，并执掌朝政四十余年，多次率兵征战立下战功。有一次，作为主帅的华元，带领将士与郑国人在大棘作战。大战前一天，华元为了鼓舞士气，让他们在战场上舍生忘死、英勇作战，于是，便宰杀羊羔亲自犒赏他的部下。士兵们吃着鲜美的羊肉，情绪立时变得高涨起来，纷纷向华元发誓一定要打败敌军。可是，正当兵士们享受羊羔美味的时候，为华元驾驶战车的马车夫——羊斟走到华元的面前，指着那些正在吃肉的兵士问道：“他们有美味的羊肉可吃，我为什么就没有呢?”华元看了看羊斟，对他没有好气地说道：“他们吃肉，是因为他们都是冲锋陷阵的士兵，你是一个马车夫，你怎么能跟他们一样呢?”羊斟听了，二话没说，便愤愤离去了。

到了第二天，宋国和郑国的两支军队又一次对阵。于一片喊杀声中，华元远远地坐在战车上，指挥着军队与敌人拼杀。就在这个时候，华元坐着的那一驾战车忽然驶上一条小路，并且径直向着敌军冲过去。华元顿时大惊失色，赶忙问驾车的车夫羊斟：“这到底是怎么回事？你为什么要离开宋军，单枪匹马向敌军的阵地而去啊?这不是白白送死吗?”羊斟听了华元的话，一面不管不顾地策马前行，一面愤愤地回答道；“昨天把羊肉分给谁吃，是由你说了算，可是今天的事就由不得你了。”华元听了，急忙和羊斟夺起马鞭来。可是，已经晚了，正当两人争执不下的时候，战车已经驶进了郑军的阵地，在重重包围之中，华元不得不束手就擒。霎时间，宋国的军队因失去了主帅，顿时乱作一团，很快便被打得败下阵来。

不久后，为了能够从郑军那里把华元赎回来，宋人准备了一百余乘兵车，以及四百余匹良马前往郑国。在这些车马刚刚交接到一半的时候，华元却再也等不及了，于是便趁着郑国人不注意，逃回宋国。华元逃回后见到羊斟，因为意识到自己对吃羊肉那件事情的处理不够妥当，并且负有一定的责任，便不想再对羊斟进行处罚，只是对羊斟含糊说道：“那驾马车跑到敌军的阵地上，不是你的责任，都是由马引起的，你不要放在心上。”羊斟听了这话，也深深感觉到对华元有愧，便如实说道：“主帅，那不是马的原因，这件事情都怪我啊！”事后，羊斟很害怕华元对他记恨在心并寻机进行报复，于是，趁人不备，便偷偷跑到鲁国去了。

关于这一段故事，《左传》、《诗》中均有记载。羊斟的所作所为固然十分恶劣，但是，华元为了犒赏兵士，在分配食物上没有做到公道，以致惹出这样的祸乱，华元也是有一定责任的。

6. 藏在鱼腹中的政治绝密

专诸是春秋时的一名壮士，吴国堂邑人。吴王僚当政时，楚国大将伍子胥，因父亲伍奢、兄长伍尚皆被楚平王枉杀，带着血海深仇逃离楚国来到吴国。途中，伍子胥看见一个虎背熊腰的男子正在与人格斗，一招一式非常勇猛。过了一会儿，那个男子的妻子在一边喊他回家，他这才恋恋不舍地离开了格斗的地方。伍子胥感到非常奇怪，便紧走两步追上他问明情况，得知，这人名叫专诸。说到刚才的格斗，专诸满心不服地说道：“今天我虽然败给了他，可是终究有一天，我将会打败所有的人。”伍子胥听了，禁不住连连称赞。

伍子胥来到了吴国不久，当他得知大臣公子光打算杀掉吴王僚，有在国内夺取王位的企图时，就把那个叫专诸的壮士推荐给了公子光，以帮助他成就大事。

公子光得到专诸以后，像对待上宾一样。吴王僚九年，楚平王死。这年春天，吴王僚趁着楚国办丧事的时候，派他的两个弟弟公子盖余、属庸率领军队包围楚国的灊城，派延陵季子到晋国，用以观察各诸侯国的动静。不料，反被楚兵截断后路，不得回返，致使吴国内外交困，百姓生怨。这时，公子光对专诸说："这个机会不能失掉，不去争取，哪会获得！况且我是真正的继承人，应当立为国君。"专诸说："僚是可以杀掉的。而今，母老子弱，两个弟弟又带着军队攻打楚国，被楚国的军队断绝了后路。当前，吴军在外被楚国围困，而国内又没有正直敢言的忠臣，吴王僚还能把我们怎么样呢?"公子光听罢，以头叩地说："我公子光的身体，也就是您的身体，您身后的事都由我负责。"

专诸得知吴王僚最喜欢吃烤鱼，便专程前往太湖，花了三个月的工夫，学到烹制烤鱼的绝技，学成后，专诸回到公子光家中。公子光便以烤鱼为名大宴宾客，所有被公子光宴请过的宾客尝了专诸烹制的烤鱼，无不称赞它的味美。吴王僚得到这个消息后，也想到公子光那里品尝一下这种美味，公子光于是便邀请了他。

这年四月丙子日，公子光在地下室埋伏下身穿铠甲的武士，备办酒席宴请吴王僚。吴王僚派出卫队，从王宫一直排列到公子光的家里，门户、台阶两旁都是王僚的亲信。夹道里站立着持有短剑的侍卫。喝酒喝到酣畅时，公子光假装足疾发作，便退席进入地下室，告诉专诸把匕首放到烤鱼的肚子里，然后把鱼进献上去。专诸端着烤鱼来到僚的跟前，掰开鱼，趁势用藏在鱼中的匕首刺杀吴王僚，吴王僚当场毙命。可是专诸也被吴王僚的卫士刺死。此时，吴王僚手下的众人已经混乱不堪。公子光趁机放出早已埋伏好的武士，诛杀了吴王僚的部下。

吴王僚死后，公子光自立为王，并将专诸之子封为卿，以示褒奖。

后来，清宫御厨根据这一历史典故，特制作出一道名菜，名字便叫“鱼藏剑”。

7. 都是王八惹的祸

春秋时，郑国与楚国结盟，楚国为了发展两国友好关系，派人向郑灵公进献了一只大甲鱼。郑灵公见了非常高兴，便让厨师把它切成块儿烹煮做汤。正巧这个时候，公子宋与子家来见郑灵公。将进宫门，公子宋忽然停住脚步，抬起右手，笑眯眯地对子家说：“你看！”子家莫名其妙地看着公子宋的手，只见他的食指一动一动的，不禁摇了摇头，也伸出自己的右手，动了动食指说：“这谁不会！”公子宋哈哈大笑起来：“你以为是我让食指抖动的吗？不！这是它自己在动。不信你再仔细看看！”子家认真地观察了一会儿，果然，公子宋食指的抖动与自己食指抖动的状态不一样。公子宋得意地晃着脑袋说：“看样子，今天有好吃的在等我们哪！以往每当我这食指动起来以后，总能尝到新奇的美味！”子家和公子宋两人进得宫来，发现厨师正在把一只已经煮熟了的甲鱼切成了块儿。

郑灵公见这只甲鱼很大，可以分给好多人吃，决定把它分赐给大夫们尝尝。这时，子家忍不住朝公子宋翘了翘大拇指。公子宋笑着晃起了脑袋，心里头暗自高兴。郑灵公见这两个人这么没有规矩，不禁皱了皱眉头问道：“你们在笑什么?”于是，子家就把刚才宫门外的情况讲了一遍，郑灵公听了，只是含含糊糊地说了一句：“真有这么灵验?”心里却暗想，无论你食指怎么动，也是没有用的！

过了一会儿，大夫们都到齐了。那只切成块儿的大甲鱼也已经被厨师装进了盆子，先是盛给了郑灵公，然后又盛给了各位大夫。郑灵公端起碗来，先自品尝一口，不禁称赞道：“这味道果然不错！”招手示意大家一起来吃。于是大夫们便津津有味地吃了起来。但是，公子宋却呆呆地坐在那里。因为此时他面前的桌案上什么东西也没有。显然，这是郑灵公刚才安排好的。公子宋立时感到有些下不来台，一张脸上红一阵白一阵。他抬起头看了看郑灵公，郑灵公这时候正吃得很香，一边吃着，一边还和大夫们说着笑话，根本没有把他放在眼里。公子宋接着又看了看子家，子家这时候也正吃得起劲，一边吃着，一边还朝他扮鬼脸。公子宋见状再也忍不住了，忽地站起身来，径直走到盛汤的盆前，伸出指头就朝汤里蘸了一下，尝了尝味道，然后，拂袖而去。

郑灵公见了，立时气得暴跳如雷，声称一定要杀了公子宋。

公子宋回家后怒气难消，又听说灵公要杀他，便与子家商量不如先动手杀了郑灵公。子家不同意，坚决反对说：“不行！就是牲畜老了还不忍心杀它呢，何况他是我们的君王呢？”之后，公子宋便私下派人向灵公进谗言，说子家想谋反。子家虽竭力辩白却也无用。不久，公子宋终于杀死了郑灵公，泄了没有赐他甲鱼汤一同品尝的仇恨。

郑国在经历了一场混乱之后又重建，公子宋亦由于谋杀国君被诛。

这个故事虽起于口腹之欲，然而最终则导致一个国家陷于水火之中。虽是小小的口腹之欲，如果纵容了它，也会成为一种隐患。

后人将此事浓缩为成语“染指于鼎”，比喻沾取非分的利益。

8. 酒后犯罪与执法

春秋时，楚庄王在平定了一场叛乱后，回到郢都，大摆宴席庆功，文武大臣和妃嫔们都参加了。楚庄王说：“我已经有六年没喝酒了，也没有听到鼓乐之声了。今天，叛乱已经平息，百姓得以安宁，我设此酒宴，让各位文武官员都来参加，请大家尽兴喝个痛快！“说罢，举杯与各大臣同饮。大家高高兴兴地一边喝着酒，一边欣赏着大厅里助兴的鼓乐，一直喝到日落西山时分还不肯离席。天色渐渐暗了下来，楚庄王于是就让人点起蜡烛继续饮酒。大家一边喝酒一边谈笑，越喝越带劲。楚庄王也越喝越觉得痛快，便叫他最喜欢的许姬出来给大臣们敬酒。这位貌若仙女般的许姬一出来，本是一片人声的大厅里顿时变得鸦鹊无声了，许多人的眼睛一齐盯着许姬，呆若木鸡一般。

恰恰就在这个时候，从窗外刮来的一阵狂风，把大厅里的蜡烛全都吹熄了。大厅里立时变得一片漆黑。不知是谁趁此机会，悄悄拉住了许姬的袖子，并且大着胆子捏了一下她的左手。慌乱之中，许姬把那个人帽子上的缨子揪了下来，吓得那人赶快放开了许姬的左手。片刻，许姬拿着被她揪下来的帽缨子摸到了庄王的跟前，对他耳语了这件事情，并请庄王点起蜡烛一一查看。话音刚落，有人即拿来了火种准备点燃蜡烛。庄王见此，赶忙站起身来大声说道："等一会儿点燃蜡烛。今天晚上我们来个痛快，不要那么衣冠整齐，搞得那么拘束。请大家都把帽缨子摘下来，不摘下帽缨子就不痛快。"大臣们听了庄王的话，都莫明其妙地把帽缨子摘了下来，这时，庄王才叫人重又点起蜡烛，请在座的各位大臣照样喝酒。

席散之后，回到宫里，许姬一直埋怨庄王。庄王说："大家都为楚国平定了叛乱而高兴，喝起酒来难免有点儿醉意，这时候看到你这个美貌女子，谁能不动心呢？要是我听了你的话，当时就把他查出来办罪，不是弄得大家都没趣了吗？"许姬听了，琢磨着庄王的话，不住点头，打心里佩服庄王的宽容。

后来，楚国在讨伐郑国的时候，庄王手下一名叫唐狡的健将，自告奋勇当开路先锋，进兵极为神速。庄王事后召见唐狡，要重重奖赏于他。可是，唐狡却说："君王已经给了我优厚的赏赐了，我今天应该报效于您才是，不敢再接受这份赏赐了。"庄王听了，大惑不解。问道："我什么时候赏赐过你？我怎么不记得了呢?"唐狡极为真诚地回答说："在绝缨会上，拉许姬袖子的那个人就是我。承蒙君王不杀之恩，所以今天我才得以舍命相报啊！"庄王这才恍然大悟道："原来是这样。那么，我来问你，当时如果我查明是你所为并且治罪于你，今日你能死力为我效劳吗?"说罢，庄王便给唐狡记了头功，又准备打下郑国后再来重用他。这个消息很快传到了大臣和将士们那里，大家更加佩服楚庄王的宽宏大量了。

正是由于楚庄王有了"宴客皆绝缨"的大度之举，才使得国中贤士全力拥护并舍身相助，最终使得楚国成为春秋五霸之一。

9. 让君王吃剩桃

春秋时，卫国有一名美男子叫弥子瑕。弥子瑕在卫灵公身边为臣，很讨君王的喜欢。正因为这样，弥子瑕独揽卫国大权，常置国法于不顾。

有一次，弥子瑕的母亲生了重病。捎信的人当天晚上把这个消息告诉了他，弥子瑕听了，立时心如火燎，恨不得立刻插上翅膀飞到母亲的身边去。可是京城离家很远，要想那么快回到母亲身边怎么可能呢？但是为了尽快赶回家去替母亲求医治病，弥子瑕再也顾不得许多，于是假借君王之令，让车夫驾着卫灵公的马车送他回家。卫国的法令明文规定，私驾君王马车的人要判断足之刑。关于这一点，弥子瑕也不是不知，却明知故犯。后来，卫灵公知道了这件事情，不但没有责罚弥子瑕，反而点头称赞道："你真是一个孝子啊！为了替母亲求医治病，竟然连断足之刑也无所畏惧。"

还有一次，弥子瑕陪卫灵公到果园里去游览。当时，正值蜜桃成熟的季节，满园的桃树结满白里透红的果实。让人见了，禁不住垂涎欲滴。弥子瑕伸手摘下一个又大又熟的蜜桃，来不及擦洗就咬了一口。可是，当他把这个蜜桃吃到一半的时候，忽然想起了身边的卫灵公，于是，弥子瑕便把吃剩了一半的那只蜜桃顺手递给了卫录公，让他与自己同享蜜桃之甘饴。卫灵公从弥子瑕的手里接过那只吃剩了一半的蜜桃，竟然感慨地说道："你把自己喜欢吃的蜜桃转让给了我，这真的是爱我啊！"

许多年后，弥子瑕年纪大了，不再有年轻时的美貌，卫灵公也渐渐丧失了对他的宠爱，不仅不会像过去那样迁就他，而且还常常当着群臣的面责备弥子瑕道："就是这个家伙，曾经假传君令，擅自动用过我的车子，也曾经目无君威地把吃剩下半个的桃子再给我吃。时到如今，他不但旧习不改，反而还在做冒犯我的事情，真是可恶！"弥子瑕听了，只得低头认罪。

可是，弥子瑕无论从年轻时还是到年老后，从心里边始终把卫灵公当成自己的一个亲密朋友，所以在卫灵公面前才表现得无拘无束。然而卫灵公则不同，他以一个人的年龄和相貌作为宠人、厌人的根据，不顾事情的本质，只按表面现象决定好恶，从而对弥子瑕表现出前后截然相反的态度。

对于这件事情，韩非子在《内储说上七术》和《说难》中都作了记载，并感叹道："弥子之行未变于初也，而以前之所以见贤而后获罪者，爱憎之变也。"

10. 怪异的军事干部考核指标

廉颇是战国时期赵国杰出的军事将领，曾率领军队屡败敌军，为赵国立下赫赫战功，先拜为上卿，后又被封为信平君，任相国。秦始皇二年（前 245 年），赵孝成王去世，他的儿子悼襄王继位。这时，廉颇因不满乐乘对他有取代之心，想逼迫他逃走。但是，襄王听信了奸臣郭开的谗言，解除了廉颇的军职，并委派乐乘代替廉颇。廉颇因为受到了排挤越发愤怒，于是便攻打乐乘，使得乐乘终于逃走。廉颇也因此离开了赵国投奔到魏国大梁（今河南省开封市）。廉颇虽然被魏王所收留，但是，很长时间以来，魏王并不信任和重用他。

赵国在失去了廉颇之后，多次被秦军围困，却没有人能够解这个围，所以赵王很想再次任用廉颇，让他带兵打仗。于是，赵王便派遣宦官唐玖作为使者带着一副名贵的盔甲和四匹快马到大梁去慰问廉颇，实则察看廉颇到底还是否可用。唐玖临行前，廉颇以往的仇人郭开唯恐廉颇再一次得势，给了唐玖很多金钱，让他回来后，对赵王说廉颇的坏话。

使者唐玖带着慰问品来到大梁，见到了廉颇并对他说明来意。廉颇禁不住喜出望外，在此之前，因为在魏国不得志，他早就想再被赵国任用也好重展雄风。为此，他热情设宴款待了唐玖，并开怀畅饮。为了让唐玖信服他现在仍然身体健壮，还能经历战阵，廉颇一顿吃了一斗米的饭和十斤肉，之后，披甲上马，横枪威风了一番，对唐玖说："我虽然年岁大了，但是既能吃饭又能作战，一定不会辜负赵王的！"

使者唐玖回来赵国，向赵王如实报告说："廉将军虽然老了，但饭量还很好。"

赵王听了，立时高兴地说："这样看来，廉颇真是老当益壮，重任他为大将，一定会为赵国再立新功的。"

但是，唐玖接着又说道："不过，廉颇吃倒是能吃，可是在我和他坐着说话的很小一会儿，他却去了三次厕所。"

赵王琢磨着唐玖的话，禁不住暗自思忖起来。便想，廉颇的确太老了。于是决定不再用他。从此，廉颇再也没得到为国报效的机会。

廉颇为国征战数十年，攻城无数而从未有过败绩，为人也襟怀坦荡，而且知错就改。司马光说："廉颇一身用与不用，实为赵国存亡所系。此真可以为后代用人殷鉴矣。"这一结论，既概括了廉颇一生荣辱经历的史实，又揭示了人才与国家盛衰兴亡的重要关系，值得后人深思。

11. 最恐怖的一桌酒饭

刘邦是汉朝的建立者。公元前 206 年，刘邦与项羽各自攻打秦王朝的部队，刘邦先破咸阳，但刘邦兵力不及项羽，项羽大怒，率兵四十万攻入，进驻鸿门。刘邦的左司马曹无伤派人在项羽面前说刘邦打算在关中称王，项羽听后更加愤怒，在亚父范增等人的鼓动下，准备一举消灭刘邦，下令次日一早让兵士饱餐一顿，击败刘邦的军队。但是项羽的叔父项伯与刘邦的谋士张良的交情十分深厚，得知消息后，立刻到刘邦的营中劝说他快快离开这里。刘邦得到这个消息大吃了一惊，两手恭恭敬敬地给项伯捧上一杯美酒，祝项伯身体健康长寿，并和他约为亲家，项伯深为刘邦的真诚所打动，于是答应为他在项羽面前说情，并让刘邦次日前来谢项羽。

第二天，刘邦带着张良和百余名随从到鸿门拜见项羽。鸿门宴上，虽不乏美酒佳肴，但却暗藏了杀机。项羽的亚父范增，一直主张杀掉刘邦，在酒宴上，一再示意项羽发令，但项羽一直犹豫不决，默然不应。项伯频频举杯，邀众人共饮。饮酒之余，范增不止一次抬头看项羽，并举起佩戴的玉块向他示意，想让他赶快决定捕杀刘邦，可是项羽视而不见，只顾得低头饮酒。不一会儿，范增出去把项羽的堂弟项庄叫到跟前说：“大王不忍心杀死刘邦，现在只有靠你了，稍等片刻，你进去祝寿，可以借舞剑之机杀掉刘邦，否则，我们都会被他俘虏的。”

项庄听了范增的话，进去后向刘邦献礼完毕，接着以舞剑来助大家的兴致。得到了项羽的允许，于是项庄便拔剑舞弄起来，并想趁机杀掉刘邦。项伯见状深感不妙，为了保护刘邦，也拨出剑来与项庄一起对舞，从而以自己的身体掩护了刘邦，使得项庄刺杀刘邦不成。就在这危急关头，张良见情况不妙，赶紧来到军营门口，对刘邦的部下樊哙说：“现在项庄正在酒宴上拔剑起舞，我想他是以助兴为名，要趁机刺杀沛公啊！”樊哙听了，立时带剑拥盾闯入军门，一双怒目直视项羽。项羽眼见此人气度不凡，问道：“你是什么人？”当得知来人是刘邦的参乘时，马上赐酒于他。樊哙站在那里一饮而尽，接着，项羽又赐他猪腿，问他是不是还能再饮？樊哙说：“我连死都不怕，一杯酒还有什么值得推辞的？”樊哙言罢，又乘机说了一通刘邦的好话，直说得项羽无言以对，可就在这工夫，刘邦已经乘机离去了。接着，张良走入门内为刘邦进行推脱，说刘邦不胜酒力，无法前来道别，现向大王献上白璧一双，并向大将军范增献上玉斗一双。不知深浅的项羽收下了那双白璧，却气得范增拨出剑来，一剑将玉斗击碎了。

刘邦勇赴鸿门宴，是中国历史上的一件著名事件，它对汉朝的最终建立起到了重要的作用。而“鸿门宴”本身也作为以友好款待为名，行伤害杀戮之实的宴请活动的代名词。

12. 屠夫的理想

陈平，西汉阳武（今河南原阳东南）户牖乡人。他足智多谋，锐意进取，屡以奇计辅佐刘邦定天下，汉初被封为曲逆侯。汉文帝时，曾升为右丞相，后改任左丞相。

陈平小时候，与哥哥和嫂子住在一起，家中十分贫困。可他又偏偏喜欢读书，对农耕的事情却不懂得，所以，家里的土地便由他的哥哥陈伯耕种。陈平尤其喜欢黄帝、老子的学说。他的哥哥见他喜欢交游，便承担了家中里里外外的全部活计，使得陈平能够有时间出外游学。

一年一年过去了，陈平长得十分出众，全然一个仪表堂堂的美男子。但是他的嫂子因为他从来不顾家和哥哥一起做农活，便拿不好听的话来奚落他。这话让陈伯听到了，满心的不高兴，于是便把妻子休掉了，全力支持弟弟陈平读书游历，也好广交天下的智者贤士。

有一年，正逢社祭，乡人们聚在一棵大树下架篷供神，并摆出猪羊等肉祭祀社神。祭祀仪式结束后，人们一致推举陈平为大家分割祭余的牲肉。

陈平把肉一块块分得十分均匀。为此，大家纷纷赞扬他说：“陈平这孩子分祭肉，分得真好，太称职了！”陈平却感慨地说：“假使我陈平能有机会治理天下，也能像分肉一样恰当、称职。”

公元前209年，陈胜在大泽乡起义，并立魏咎为魏王。于是，陈平辞别兄长，前往临济投奔魏王。后来又转入项羽手下做谋士。陈平得不到项羽重视，郁郁不得志。后来，他在鸿门宴上见到了刘邦，认为刘邦将来必成大器。而后，陈平投奔刘邦并得到他的重用。陈平为刘邦六出奇计，帮助他平定天下，最终建立了汉王朝。

关于陈平宰肉如宰天下之说，在唐代周昙的诗中曾有所提及：“一朝如得宰天下，必使还如宰社时。”

13. 一双筷子定江山

张良，字子房，城父（安徽省亳县）人，西汉谋臣，刘邦的重要谋士。和萧何、韩信等人辅佐刘邦创建了西汉王朝，封留侯。刘邦称他“运筹帷幄之中，决胜千里之外”。

公元204年，汉将韩信攻下魏国和赵国后，又长驱直入收复了燕国。项羽得到这一消息后，十分生气，于是便亲自率领着十万大军，攻打荥阳，把刘邦团团围困在荥阳城中。被困在城里的刘邦急得六神无主，眼看着事情到了最为危急的时候，他手下的一名谋士郦食其建议他重新拥立六国后代，联合起来共同抗击项羽。刘邦觉得郦食其的话很有道理，便采用了他的建议。

商讨完大事后，刘邦叫人端上酒菜，准备和郦食其一起畅饮。正在这个时候，张良前来拜见刘邦。刘邦一边吃菜，一边高兴地把计划告诉了他。张良精通兵法，足智多谋，政治眼光非常远大。当他听说刘邦准备重新拥立六国后代来对付项羽时，认为这一做法无异于放虎归山，即使能够打败项羽的军队，但是六国后代的势力到时候会非常强大，这样的话，对刘邦也会形成巨大的威协。于是，大吃一惊问道："陛下，是谁为您出的这个主意啊？真要这样的话，陛下的大事就要完了。"刘邦听了张良的话，十分奇怪地问道："这是为什么呢？"张良想了想说："陛下，请把你的筷子借给我用一用，让我来给您分析一下当前的形势您就明白了。"接着，张良便从刘邦的手里接过筷子，在饭桌上向他比划了一番，一边比划着，一边具体分析了楚汉双方以后的形势和利害冲突，明确地提出不能重用六国诸侯。张良问道："从前商汤讨伐夏桀而封夏朝之子孙于杞，那是估计自己能置夏桀于死地。如今您能置项羽于死地吗？"刘邦摇摇头说："不能。"张良说："这是不可封六国后代的第一个原因。周武王讨伐商纣，封商朝之子孙于宋，那是估计自己能得到商纣的脑袋。如今您能得到项羽的脑袋吗？"刘邦摇摇头说："不能。"张良又说：

“这是不可封的第二个原因。周武王进入殷商都城，曾在商容家的里门表彰其德行，从狱中释放箕子，堆高比干的墓土。如今您能堆高圣人的墓土，在贤者的里门表彰其德行吗?”刘邦说：“不能。”张良说：“这是不可封的第三个原因。周武王曾经发放巨桥粮仓之粮食，散发鹿台府库之金钱，如今你能开放仓库拿钱粮赏赐贫苦人民吗?”刘邦说：“不能。”张良说：“这是不可封的第四个原因。商朝灭亡以后，周武王废弃战车，改为乘车，把兵器倒放，用虎皮蒙盖，向天下表示不再用兵打仗。如今您能偃息武事实行文治，不用兵打仗吗?”刘邦说：“不能。”张良说：“这是不可封的第五个原因。周武王把战马放在华山的南面，表示不用了。如今您能让战马休息不再用吗?”刘邦说：“不能。”张良说：“这是不可封的第六个原因。周武王把供军事运输的牛放在桃林北面，表示不再运输军事物资。如今您能放牛休息不再运输军事物资吗?”刘邦说：“不能。”张良说：“这是不可封的第七个原因。况且天下之游士离开他们的父母妻子，弃去他们的祖坟，抛开他们的老朋友，跟您奔走，只是日夜希望得到一点封地。如今又立韩、魏、燕、赵、齐、楚六国的后代，让天下之游士各自回去服事他们的君主，傍随他们的父母妻子，返回到老朋友和祖坟所在家乡，您与谁一起去夺取天下呢？这是不可封的第八个原因。假若楚国强大起来，六国后代就会追随楚国，您又怎能使他们臣服您呢？果真采用郦食其之计谋，您想统一天下的大事就完了。”一席话说罢，刘邦直听得目瞪口呆，就连嘴里边含着的食物也忘记了咀嚼。直到这时，刘邦才恍然大悟，一边吐出口中的食物，一边大骂郦食其：“这个小子，差点坏了我的大事!”郦食其自觉脸上无光，于是便羞惭地离开了。接着，张良又和刘邦一起仔仔细细地谋划起了眼前的退敌之策来。刘邦采用了张良的战略方针，最后终于突破了项羽的重重包围。

这段史实在《史记·留侯世家》、《汉书·张良传》中都有记载。后来，人们用“借箸”一词表示代人筹划。

14. 一锅汤煮沸了十万兵

汉武帝（前156~前87），名彻，西汉皇帝，汉景帝的儿子，汉高祖的曾孙。公元前156年生于猗立殿，7岁时被立为太子，16岁时即皇帝位。尽管汉武帝即位时还很年轻，可是他很有一套治国的办法。为加强边防建设，汉武帝将大量民众迁往边境，在那里建立城邑，并对边郡居民进行军事训练。还在边郡设立马苑，大量养马，官府养马达45万匹，奠定了建设大骑兵集团的基础。至此，汉朝建立起一支由10~15万骑兵和数十万步兵组成的强大军队。为了征伐夷人，汉武帝精心挑选了最杰出的军事统帅卫青、霍去病，让他们分别率军深入敌巢，并集合了李广、赵破奴等一大批杰出的将军。汉军斗志高昂，都希望在与夷人的决战中立下不朽的功勋。

这一年，夷人又一次进犯边境，汉武帝极其愤怒，便亲自率领大军前去征讨，并且一直把夷人追逐到海边。这时，行进中的汉武帝突然闻到一阵扑鼻的异香，便停下车来四处观看，却什么也没有发现，于是就让他手下的士兵在附近仔细搜查。不一会儿，几个士兵带着一名渔翁来到他的面前，一个士兵报告说这个渔翁知道那阵异香是从哪里来的。于是，汉武帝就在那个渔翁的带领下，来到不远处的沙滩上，见那渔翁蹲下身子在沙滩上挖了一个坑，接着从那个坑里取出来一个陶坛，抱给武帝说："这是我自己做的鱼肠酱，坛里装着鱼的肠、肚和鳔，我把它密封了埋在沙子里，经过一段时间的日晒就发出了这种香味儿。"说着，那渔翁便把那个密封的陶坛打开，请武帝品尝。武帝也不推辞，取出一块品尝后，连声称道这才是天下的美味，接着，他又赐给将士们品尝。将士们也一连声地说好。武帝非常高兴，不由说道："没想到我追逐夷人追到这里，却得到了这样香美的东西。"说到这里，武帝略思片刻道："那么我们就把它叫鱁鮧吧。"将士们和渔翁听了，都说这名字改得妙。

后来，北魏贾思勰在《齐民要术·作酱法》中记载了这件事情，并说出了制作的方法："取石首鱼（黄花鱼）、魦鱼（鲨鱼）、鲻鱼三种。肠、肚、鳔，齐净洗，空著白盐，令小倚咸。内器中，密封，置日中。夏二十日，春秋五十日，冬百日，乃好熟，食时，下姜酢等。"

皇帝在行军、作战途中，还不忘食事，使得鱁鮧这一民间创制的美味，得以流传下来，这实在是一件很有趣的事情。

15. 最贵的毛豆粥

刘秀，字文叔，汉光武帝，东汉王朝的开国皇帝，南阳蔡阳（今湖北枣阳西南）人，汉高祖刘邦九世孙。刘秀自小生长在民间。王莽篡汉后，他和他的兄长为了恢复汉朝而起兵，立刘玄为更始帝，同时奉命任职破虏大将军并行大司马事，被派往河北地区镇抚州郡。到达河北后，他遣放了羁押的囚徒，革除了王莽的苛政，恢复了汉朝官名，一系列举措，深受当地吏民的喜爱，人们常常用美酒慰劳他。

这个时候，王郎被人立为天子，并在邯郸定都，之后，王郎派遣使者四处招降诸郡。刘秀所在的蓟中已经有人起兵准备接应王郎，致使城中一片大乱。

刘秀预感到形势严峻，马上带着他的部分将士和官吏，驾着马车逃出城去，一路上十分害怕后面有追兵赶上来，昼夜兼程，不敢有片刻的停留。

逃到饶阳时，刘秀和他的将士及官吏，早已经筋疲力尽并且饥饿难忍，于是，便冒充邯郸使者走进驿馆里，寻求食物来充饥。驿馆的官吏把饭菜做好端了上来，看见刘秀的那些随从们一个个狼吞虎咽的样子，立刻起了疑心。为了试探真假，那名驿馆的官吏便悄悄告诉他的同伙，让他敲鼓，谎称邯郸的将军来到了。刘秀一行听到了鼓声和传令声，不禁大惊失色，饭都没有顾得上吃饱，便急匆匆地离开驿站逃走了。

后来，刘秀一行来到无蒌亭，此时，天上大雪纷飞，十分寒冷。这些人饥寒交迫加上连日来的奔波疲惫，再也没有一点力量行路了，于是就暂时安歇在这里。随行的冯异看到刘秀又饥又寒狼狈不堪的样子，于是强忍着饥寒与疲惫，起身来到野外采回一些大豆，赶紧点火架锅，煮了一锅热腾腾的豆粥，双手端到刘秀的面前。刘秀手里端着豆粥，心里非常感动，于是便与大家一起分吃。第二天早晨，刘秀想着昨天的事情，仍然回味无穷地说："昨天吃了冯异做的豆粥，饥寒俱解。"接着，下令众人继续前行。

刘秀等人逃到南宫时，不料又遇到狂风暴雨。大家的衣服都被雨淋透，加上天气寒冷，一个个冻得全身发抖。刘秀见状，只好下令在路旁的一个空屋里避雨休息。这时，又是那个叫冯异的人，忍着寒冷在外边拾来干柴，并把它点燃，请刘秀坐到火边烘烤衣服。随后，冯异又为刘秀找来可食之物，并且做成麦饭，端给刘秀。刘秀被冯异的行为深深地打动了，禁不住感激万分。

后来刘秀重新振兴，灭了王莽，自立为光武帝，重建汉朝，即为东汉。可是，汉光武帝刘秀却始终没有忘记创业时期的艰难和冯异所给予的恩惠。

二、餐桌上的那些牛人

1. 逃荒人：最牛的饥饿者

春秋时，有一年齐国闹大饥荒，死人无数。人们不得不四处求生，但却常常因没有食物而饿死在路上。有一个富人名叫黔敖，眼看着很多人因为讨不到食物而被活活饿死，心里不忍，便吩咐他的仆人开仓放粮，在路旁架锅煮粥，赈济来往逃难的人，以便他们逃到此处时能够喝上一口粥，吃上一口饭。但是，扶贫赈灾也不是哪一个为富者都能做到的。也许是因为一天一天来黔敖的粥棚里吃饭的人多了，黔敖渐渐失去了热情，有了一种救世主的凌人气势。

有一天，大路上走过来一位逃荒的人。黔敖抬头看见来人骨瘦如柴，步履维艰，全然一副被饿得走不动路的样子，忙用左手拿起一块干粮，右手舀起一瓢粥，气大声粗地喊道：“哎，快来吃吧！”那个逃荒的人听到这轻蔑无礼的喊声，立时变得非常气愤，大声回敬道：“你走开吧！我就是因为不吃嗟来之食，才穷困贫病到这个地步，难道今天我还会接受你这样的施舍吗？”说完，狠狠地瞪了黔敖一眼，一步一步头也不回地继续向前走去。黔敖望着那人的背影，愣怔好半晌，心里不禁想道，这样一个快要饿死的人，竟然还如此维护着自己的尊严，这是多么了不起的气节啊！想到这里，黔敖觉悟到自己刚才言语的不敬，便想赶上前去向他道歉。但是，就在这时，那个逃荒的人双脚一软，一下子跌倒在地上。黔敖见状忙跑过去，想扶他起来，并给他道歉，请他接受自己的心意，却发现那人已经饿死了。为此，黔敖后悔莫急，心想，自己不该用世俗的眼光看人，并不是所有的人都愿意讨他的残羹剩饭的。而刚才的这个不受嗟来之食的逃荒人，不是圣人又是什么？

后来，人们把“嗟来之食”用来比喻带轻蔑、侮辱性的施舍，而把“不食嗟来之食”作为一种气节与品格一直流传下来。

2. 颜回：最素淡的知识分子、圣贤

颜回，春秋末鲁国人，字子渊，又称颜渊。他以德行著称，是

孔子最得意的学生。据说，颜回非常聪明，特别深晓推理之术。他主张：为人要谨慎，克己，多注意自己的行为是否正确，而不应该严以待人。颜回一生一直跟随孔子，喜欢钻研仁义之道。他家境贫寒，又深居陋巷，每日里只有一箪食、一瓢饮可供食用。一些人见颜回的生活如此贫苦，都为他深感忧愁，希望他尽快想办法改变这种贫穷境况。可是，颜回听了别人的劝说，内心里却不以为然，丝毫也没有动摇自己的乐道之志，却更加孜孜不倦地钻研仁义之道。

在孔门弟子中，颜回以突出的德行修养而著称。对于“仰之弥高”的孔门哲理，他坚守先生“不耻下问”的教诲，以其毕生精力“研之弥坚”，“欲罢不能”，由此得到了孔子极高的赞赏：“贤哉回也!”

颜回由于生活极度清贫，又勤奋地学习，近而立之年便早早地白了头发，三十二岁时便英年早逝。孔子得到颜回去世的消息，万分悲痛，当鲁哀公问道在他的弟子们中间谁是好学者时，孔子痛心地答道：“有颜回者好学。不迁怒，不贰过。不幸短命死矣。今也则亡。”这番话，说明了孔子对颜回的评价是很高的。

自汉代起，颜回被列为七十二贤之首，有时祭孔时独以颜回配享。此后历代统治者也不断对他追加谥号：唐太宗尊之为“先师”，唐玄宗尊之为“兖公”，宋真宗加封为“兖国公”，元文宗又尊为“兖国复圣公”，明嘉靖九年改称“复圣”。

后来，颜回的箪食瓢饮、安贫乐道的行为，被孔门弟子收入儒家经典《论语》之中，以此作为后世儒者学习的楷模。

3. 刘家嫂：最狠的把家虎、不肖冠军

刘邦共有兄弟四人，长兄刘伯早年去世，长嫂在家带着儿子刘信操持家务。

据说，在刘邦离家打天下之前，他是丰邑镇上有名的阿混，终日里游手好闲、不爱生产劳动，经常带一帮不三不四的朋友回家来白吃。开始，长嫂还热情接待，精心制作饭菜供他们食用，可是日子长了，渐渐地也就显得有些不耐烦了。

有一回，刘邦又带了他的好几个朋友回来吃饭，长嫂见了，心里十分厌烦，羹煮好后才盛起了几碗，就使劲地用勺子刮起锅边来，把锅边刮得戛戛响，意思是告诉刘邦和他的那几个朋友，锅里已没有饭菜羹汤了。朋友们会意，就一个个借故离去，最后只剩下刘邦一人。刘邦十分扫兴，等朋友走后便步入厨房，到锅前一看，却发现锅里还有许多羹，原来大嫂是假装的。刘邦立刻觉得大嫂不给他面子，从此对她心生怨恨。

许多年后，刘邦取得天下，建立汉朝，称帝后大封皇族子弟为王。当时受封为王的有刘邦的三哥刘仲、四弟刘交和堂兄刘贾以及全部皇子，可是对大哥一家，刘邦只追封已故的大哥刘伯为武哀侯，

而刘伯的儿子刘信则是皇族中唯独一个没有受封任何爵位的。

为此，太上皇刘煓责怪刘邦不念兄弟之情，刘邦却满腹怨言地解释说："我并不是忘记封大哥的儿子，实在是因为当年大嫂为人太差了。"后来，刘邦的父亲又几次对他进行提醒，刘邦这才封长嫂之子刘信为"羹颉侯"。"羹颉"的意思是用勺刮锅中羹。刘邦以此作为封号，是想惩戒其嫂的不贤之举。但大嫂并不惧怕刘邦，也不承认自己把家的行为不当。有生之年，宁死不见为皇帝的刘邦。

后人也把不贤之嫂称之为"戛釜之嫂"。

4. 孟光：最会伺候老公的媳妇

东汉初年，扶风平陵（今陕西咸阳关北）有个隐士，姓梁，名鸿，字伯鸾。在他很小的时候，父母双亲就去世了。从此，梁鸿的家境一天不如一天，最后几乎到了一贫如洗的境地。但是，尽管如此，梁鸿的志趣却非同一般人可比，在别人的眼里，他的为人极为清高。梁鸿素日里勤奋好学，学习之余便在上林苑中放猪。

有一次，梁鸿在山上放猪的时候，一不小心失火烧了一家农舍，于是，赶紧向受灾的人家表示愿意用所有的猪来赔偿。不料，那家的主人嫌梁鸿的猪少，便有意刁难他。梁鸿诚恳地说："到现在，我已经没有任何财产，只能用我自己来赔偿您了！”于是，梁鸿便来到那家，没日没夜替他家做活。远近的邻居看到梁鸿天天被累得筋疲力尽的样子，都觉得那家的主人做得真是太过分都纷纷议论这件事情。那家主人觉察到了这些，众怒难犯，便要把梁鸿的那些猪再还给他。但是，梁鸿坚决不要，于是便空着两手回到家里。

梁鸿虽然贫穷，但却从来不接受别人对他的施舍。邻居们见他孤苦伶仃十分可怜，有时候就做好了饭菜请他去吃，每每这时，总是被他婉言谢绝。直等到邻居家的灶火熄灭以后，他再借灶起火，用自己家的米来做饭。因为这样，乡人们十分仰慕梁鸿的高尚品格，再加上他本人聪颖过人，博学多识，所以有很多人家都向他提婚，但是都被他一一谢绝了。

同县孟家，有个闺女名叫孟光，长得又丑又胖，力气很大，平日里穿着打扮十分朴素，三十几岁了还不肯嫁出去。父母亲着急，便一次次地催她，可是她却说：“你们只有把我许配给梁鸿那样的人，我才肯出嫁。”不久，梁鸿听说了这件事情，便把她娶到家来。孟光也因嫁给了自己的意中人，心中十分欢喜，从不刻意打扮自己的她，这时也每日里浓妆艳抹起来，为的是想让梁鸿见了高兴。然而，一连七天，梁鸿见了，却一直不理她。孟光心里头觉得委屈，便好言好语请求丈夫告诉她是什么原因。梁鸿说：“既然你是我的妻子，你就应该能够与我一起隐居深山，过清苦的日子。可是你现在穿得这样华丽，又涂脂抹粉的，怎么会合我的心意呢？”孟光便听了梁鸿的话，从此改穿朴素的布衣，再不涂脂抹粉地精心打扮自己，而是一门心思地辛勤持家，精心侍候梁鸿。梁鸿高兴地说：“这才是我的妻子啊!”之后，梁鸿带着他的妻子孟光来到霸陵山过起了隐居生活。每天里男耕女织，闲时候吟诗弹琴，生活过得非常幸福。梁鸿很爱妻子，孟光也尊敬丈夫。每次吃饭，孟光总是把盛饭的托盘高高举在眉前，请丈夫用饭，以此表示敬意。

后来，他们为了躲避战祸，逃到吴地，投靠十分富有的皋伯通，并住在他家的廊檐之下。为了生活，梁鸿每天要为皋伯通家舂米，每每舂米回来，孟光总是立即把饭菜做好，盛在碗里放在托盘上，然后恭恭敬敬地低着头，走到梁鸿面前，把托盘举高至额眉处，请梁鸿用餐。有一天，这情景正好被皋伯通看见了，于是心想：“一个做工的佣人，竟然能够使自己的妻子如此尊敬，这个人一定不是平凡之人。”之后，又经过了一段时间的观察，皋伯通确信了自己的判断，赶紧腾出家里的一间房子，请梁鸿夫妇居住，并和梁鸿结拜为好朋友。

孟光举案齐眉的贤惠之举，成为历史上的一段佳话。在我国古代，有许多赞美夫妻相敬相爱的典故，“举案齐眉”是最为著名的一个。

5. 羊续：最廉洁的领导干部

羊续，字兴祖，东汉太山平阳人。他出生在一个功勋世家，以

"忠臣子孙"官拜郎中，后任庐江、南阳太守。

汉灵帝中平三年，羊续临危受命，出任南阳太守。为了尽快掌握当地的真实情况，他穿着旧衣服，只带一名小书僮，一路体察民情，采集民谣，悄悄进入南阳地界，把当地官吏的贪廉良劣，事先摸了个清清楚楚。上任后，羊续立即颁布宣政令，治弊兴利，黎民百姓为之欢欣鼓舞。

南阳这个地方有很多富贵人家，风尚极其奢华。为了转变世风，羊续决心以自己的清俭来影响当地的官吏百姓，带头素衣薄食，每每出行时，仅带瘦马一匹、旧车一辆，许多官吏见了，都感到不可思议。

作为一地长官的羊续带头节俭躬行，这样的日子长了，对那些一向挥霍惯了的府丞官员们，显然是一个很大的约束。

有一天，一位老府丞笑嘻嘻地给羊续拎来一条大活鱼。老府丞想不到，自己并没有费多少口舌，羊续就把那条鱼收下了。见羊续收下了送来的大活鱼，老府丞的心里边暗暗得意："你今日收下了我的鱼，明日就会收我送来的肉，后天也就敢收我的钱啦！收了我的鱼，收了我的肉，还能收我的钱，难道我还担心你不为我办事吗？"

几天后，那位老府丞又笑呵呵地拎来一条更大的活鱼。

羊续望着那条鱼，又望着老府丞，然后向他招招手，让他跟着来到庭廊之下，抬手指着屋梁上挂着的一条大鱼，正色道："看到了没有，屋梁上的那条鱼，是你上次送的，我让书僮挂在那里动都没有动一下。你今天又给我送来，我就会收、就会动吗？那条鱼，我要一直挂在那里，也好作为一个不要再来送钱送礼的活告示。而今天送来的这条鱼，你还是自己拿回去吧。”老府丞听了羊续的话，满脸羞惭，只好把拎来的这条大鱼又拎了回去。

羊续悬鱼守廉之事，很快便在当地传开了。一时间，当地世风大变。宋人徐积作过一首诗《和路朝奉新居》，其中写道：“爱士主人新置榻，清身太守旧悬鱼。”明代清官于谦也写过一首《初度》诗：“剩喜门庭无贺客，绝胜厨传有悬鱼。清风一枕南窗卧，闲阅床头几卷书。”其中就用到了“羊续悬鱼”这个典故。由此，“悬鱼”也就成为廉洁的比喻用词。

6. 茅容：最孝顺的大汉子民

茅容，字季伟，陈留人，是东汉时期的一位隐士。人到中年，一直在乡下春耕秋收，没有一丝一毫离开家乡去往别处当官的想法，为的只是好好奉养家里的老母亲。

有一天，茅容正和许多人一起在田间劳作，不料，天上突然下起了小雨，而且这小雨一直也没有停歇的迹象。因为下雨做不成农活，所有的人都躲到大树下面，七嘴八舌地谈论天气和形势，只有茅容一个人端端正正地坐在那里，默默听着，不说一句话。正在这时，一个叫郭太的人坐着马车路过这里，看见茅容有些与众不同，心里感到有些惊奇，便停下车来走到他跟前，和他交谈起来。郭太没想到两个人竟谈得那么投机，不知不觉间天色已经黑了下来。茅容感到他和郭太言犹未尽，于是便邀请郭太到他家中住下，晚上接着再聊。郭太听了，也十分爽快地答应了。

第二天清晨，茅容早早就起床，从鸡窝里捉了一只老母鸡，宰杀之后，做成美味的佳肴。郭太看见了，暗自想道："茅容特地杀鸡款待我，对我如此热情，真是个注重友谊的人啊！"

不一会儿，茅容又从田间摘回鲜嫩的蔬菜，很快又做出几道菜肴，而后把它们摆上饭桌，十分客气地请郭太入座。郭太来到桌边一看，桌子上只有几盘蔬菜和两碗糙饭，心中感到十分疑惑。茅容看到郭太一脸不解，忙向他解释道："茅容家境清贫，刚才做的鸡肴我已端进里屋，请我的老母亲吃了。虽然我非常珍视友情，可我实在没有更好的佳肴和美酒款待你，还请你见谅。"郭太本是明理之人，听了茅容的话，立时起身向他揖拜道："茅容兄真是贤德之人！"后来，茅容果然成为当世著名的有德之士。

7. 闵贡：最拿官位和吃饭不当回事的人

闵贡，字仲叔，东汉太原人，自幼便家境贫寒，以节俭度日，但却以节操自守。

有一天，闵贡正在家中吃饭，因为没有任何一样可以下饭的菜肴，他便从水缸里舀了一瓢水放在桌上，随时下饭。就在这个时候，一个邻居到他家来，看到他吃饭没有菜肴，便从自己的口袋里取出一头生蒜递给他，让他用它当作菜肴。闵贡看了看他手里的大蒜，却并没有接，嘴上却说："我这样吃饭，不需要菜肴，只不过是想省些麻烦罢，难道你还想给我增添麻烦吗?"

闵贡曾经去应征，但是却没让他处理政事。他思来想去，不愿意无功受禄白拿俸银，于是便告辞，来到安邑县居住。

许多年之后，闵贡的岁数大了，年老体弱经常生病，所以家里边仍然是一贫如洗，难得吃上一回肉。

有一次，他大病初愈后，非常想吃一顿肉，于是，便从家里取出了仅留的一点儿钱，踉踉跄跄地来到市场上。在市场上走着走着，闵贡忽然看到有一家肉案上的猪肝非常新鲜，就想买回去用它补补自己的身子。闵贡把钱从口袋里掏出来递给卖肉的屠夫，那屠夫接过钱来，细细数了数，然后又把它还给闵贡说道："你这点儿钱，怎么能买猪肝啊?!"屠夫不肯把猪肝卖给他。闵贡羞于拿不出更多的钱来，于是，便只好打消了吃猪肝的念头。

几天后，安邑县令听说了闵贡买猪肝的事，于是便命令手下的吏卒赶快买些猪肝给闵贡送去。吏卒提着新鲜的猪肝来到闵贡家，闵贡见了，很是诧异，等问明了原因，于是叹息道："难道我闵贡为了口腹之事，而把安邑人都连累了吗?"等送猪肝的吏卒走后，闵贡二话没说便开始收拾自己的行装，接着他便离开安邑县，到别的地方去居住了。

闵贡不因饮食而失节累人的行为，对后世之人颇有影响。陆游曾经作过一首诗《蔬食》，诗云：“何由取熊掌，幸免买猪肝。”

8. 湛氏：最善于培养领导干部的母亲

陶侃，字士行，东晋庐江浔阳（现在江西九江）人。历任荆、江二州刺史、大将军，并掌管其他六州军事。

陶侃很小的时候家境非常贫寒，为了培养他，母亲付出了全部的心血。

他的母亲湛氏，是出了名的贤惠明礼，对陶侃的教育十分严格。家里虽然贫寒，却想尽一切办法让陶侃结交有识之士。

一天，陶侃一位同郡的名士范逵，带着一帮人骑马来看望陶侃。时值隆冬季节，又一连下了几场雪，家里已经断粮多日。范逵的人马很多，陶侃一时间没有准备，单单一个吃饭的问题就让他感到非常为难。母亲见状后，悄悄对陶侃说道：“孩子，你只管让他们住下来就是了，我会想办法的。”话是这样说，但是，想来想去也没有更好的办法，万不得已，湛氏只好把自己的头发剪下来，将它们编成了两个精巧的假发卖掉，随即买回来几斗米，并砍下了屋里的梁柱作为煮米的柴火，又把自己睡铺下的干草抽出来铡碎了喂马。傍晚时分，湛氏已经做好了一桌精美的饭食，请客人们入席食用，陶侃在席上恭恭敬敬陪着范逵，并表现得十分从容。

大家酒足饭饱后，范逵竟然意外地得知了真实原委，于是非常感动，深深地感叹陶侃的才辩和陶母的厚意。范逵策马离去后，逢人便说起这件事情，而所闻此事者，不由异口同声地赞叹："非此母不生此子也。"

虽然家中一向清贫，可是陶母却从来不允许儿子有一丝一毫的不义之举。有一年，陶侃在县里谋到一个小吏的职位。刚上任不久，他想到老母亲在家中生活十分清贫，一日三餐皆以粗茶淡饭裹腹，心里头十分难过，便取了一坛子腌好的咸鱼，派人送到家中的老母亲手里。湛氏接过儿子让人送来的咸鱼，不觉得眉头紧皱，半晌后，又将坛子仔仔细细封好（古时曰"封嵯"），紧接着，她给儿子写了一封信，责备他说："你作为官吏，却以官物送我食用，这不仅对我没有益处，反而增添了我的忧愁。"

陶侃接到老母亲写来的信件后，反省自己的言行，幡然醒悟，从此，再也不做这类的事了。

正是由于有了慈母湛氏的严格教育，才使得陶侃最终成为国家的栋梁。后来，"封嵯"一词常常作为称颂贤明母亲的常用词。

9. 吴隐之：最具免疫功能的干部

吴隐之，字处默，东晋濮阳鄄城（今山东鄄城北）人，晋朝著名的良吏。历任卫将军主簿、晋陵太守、大常、中领军等职。吴隐之的一生，处于东晋王朝动乱迭起、风雨飘摇的时代。

吴隐之无论为官还是为民，每日吃的皆是粗茶淡饭，但他从来不想吃没有来由的美味佳肴；家中没有太多的存粮，但是即便这样，也从来不拿一粒并不属于自己的粮食。他虽然官居要职，但始终以清俭自律，每月所得到的俸禄，绝大部分散给了自己的亲族朋友，自己却反而过着清苦的日子，面对这样的生活，他的妻子也毫无怨言，常常自己亲自背柴做饭。

安帝隆安年间，广州的物产十分丰富，由于有很多珍宝，随之而来的贪污之风也便盛行开来。朝廷得知这事后，为了扫除岭南的这一弊病，便命吴隐之为龙骧将军、广州刺史，前去整治。

吴隐之接到任命后，带领一行人昼夜兼程。

这一天，一行人来到离广州还有二十里路的石行，都觉得疲惫不堪，便落脚休息。吴隐之下得车来，见不远的地方有一潭清澈的泉水。清清澈澈的山泉从怪石丛里顺势悠悠而来，听之潺潺有声，闻之袅袅溢香，吴隐之不禁大赞一声：“好泉水啊好泉水！”于是忍不住便走过去俯身要饮。刚刚掬起一捧，却听一旁的随从赶紧阻拦道：“大人，这是贪泉，千万饮不得呀！”吴隐之见随从一副大惊失色的样子，问其缘由，才知据传说凡是经过此地饮过此泉水的官吏，无不使得清官变贪，贪官更贪，一口泉水便会使得本是一个廉洁之人变得贪婪无厌起来。因此，凡是经过石门的官吏，谁也不敢喝它一口，即使口渴得要命也竭力忍着，以表白自己的洁身清廉。

吴隐之听了，禁不住哈哈大笑起来，说道：“什么贪泉不贪泉的，我就不信这个邪。贪者不饮也贪，清者饮之自清。”说完，赋诗一首道：“古人云此水，一歃怀千金；试使夷齐饮，终当不易心。”意思是说，古人说这眼泉水，一饮就希望拥有千金，如使伯夷叔齐那样的廉人饮，最终也不会改变清白之心的。

吴隐之到广州上任后，不但没有生起贪婪之心，反而为官更加清廉，每天所吃的食物不过是些蔬菜和干鱼。府中有一名仆人知道吴隐之喜欢吃鱼，为了讨好于他，每次送鱼时，都预先把鱼刺剔出去，以便于让他吃到没有刺的鱼肉，吴隐之察觉到他的意图后，不仅没有领这份情，反而将这个仆人狠狠地批评一顿。同时又警告下属们，如再有类似的事情发生，必定严加处罚。

一次，卫将军谢石听说吴隐之的女儿就要结婚了，于是派遣几个厨师，带上炊具，为吴家操办婚事帮忙。可是，当来到吴家门口时，却不见一点儿张灯结彩的喜庆，正纳闷时，只见吴家的一名使女牵着一条狗从冷冷清清的大门里走出来，几个厨师十分诧异，便向那名使女问道：“吴大人的小姐今日出嫁吗？”使女回答道：“是呀，我这不是要出去卖狗吗?”厨师们听了，一时间丈二和尚摸不着头脑。使女忙解释说：“小姐结婚正等钱用呢!”说着，就牵着狗直奔市场去了。谢石想到了吴隐之的简朴，却怎么也不会想到竟然清苦到了自己的女儿结婚这件终生大事上。这事儿在官员中很快传开，同时，官员们对吴隐之的清廉也更为景仰，更为信服。

在广州，吴隐之虽然每日里身处遍地珍品的花花世界，但他从来不被黄金和珠宝所诱惑。这一天，吴隐之办完公事回来，与妻子在湖畔赏景，他的妻子乘着兴致递给他一包沉香，吴隐之顺手接过来，打开一看，竟是奢侈物品，想都没有细想，便将它扔进湖水里。

由于吴隐之廉洁奉公、专心理政，素以贪赃渎职闻名的岭南发生了根本变化。皇上下诏嘉奖道：“龙骧将军、广州刺史吴隐之孝友过人，禄均九族，菲己洁素，俭愈鱼飧。夫处可欲之地，而能不改其操，飨惟错之富，而家人不易其服，革奢务啬，南域改观，朕有嘉焉。”

初唐四杰之一的诗人王勃在其名作《滕王阁序》中有“酌贪泉而觉爽，处固澈以犹欢”的诗句。唐朝名相魏徵曰：“吴隐之酌水以厉精，晋代良能，此焉为最。”这都是对吴隐之酌泉明志的极好赞扬。

10. 羊固：最舍得投入的人

羊曼，字祖延，东晋初年的名士。羊曼年轻的时候喜欢饮酒，而且为人十分真诚，深受人们好评。

晋朝的首都南迁建邺后，朝廷里的文武百官也随着过江而去。当时，朝士中间有一个不成文的习俗，凡是刚上任的官员，都要置办美酒佳肴，用以设宴请客。

羊曼那时刚任丹阳郡尹，也按照当时习俗设宴请客，而且一请便是许多天。这许多天里，从每天的清晨起，他就让手下的一些仆人到市场上去搞采购，为宴请宾客做准备。只等着客人们来访。一旦第一批客人到来，他就命人把置办好的美味佳肴摆上宴席，供宾客们享用。来得早的客人自然就占据着好位置，来得晚了也就只好将就着坐下。宴席吃到中午时分，许多的菜肴也就吃得差不多了，就不再上什么好菜，美味的佳肴也便渐渐减少。而到了傍晚时分，置办的美味佳肴大多已被吃光。羊曼设宴请客，无论你的身份高低，地位贵贱，或者来得早与迟，绝不会再重新置办菜肴。

与此同时，有个叫羊固的人被授任临海太守，也和羊曼一样，连续摆了多日的酒宴招待来访的宾客，也召集很多的仆人，到市场上去搞采购为宴请做准备，可是，与羊曼不同的是，羊固随时都会烹调丰盛的宴席。宾客们不论什么时候到来，哪怕是到了晚上，都不会担心吃不上丰盛的美味佳肴。

有的人在参加了羊曼和羊固两个人的宴席后，从心里感叹道："羊固摆的宴席虽然既丰盛又精美，但是，却不如羊曼待人真诚啊！"

11. 陈遗：最爱锅巴的人

陈遗，南北朝时吴郡人。陈遗自小与母亲相依为命，对母亲十分孝顺。

陈遗的母亲有一个嗜好，非常喜欢吃煮饭后剩下的锅巴。于是，陈遗就为母亲千方百计去搜寻。因为这个缘故，陈遗在年轻的时候，曾在郡署的衙门里当过一段时间的厨师。人们时常会看到他随身带着一个口袋，每次煮饭过后，就把锅底的锅巴铲下来收进那个袋子里。而一旦别的什么人煮了饭请他去吃的时候，他也不会忘记把那个口袋带上，请别人把锅巴盛在里面。一些人见陈遗每天如此，于是就十分奇怪地问他："你为什么天天搜集这些别人都不愿意吃的锅巴呢？"陈遗回答道："我的老母亲喜欢吃，已经很多年了，我是为她搜集的啊!”时间长了，陈遗身边的许多人也就都知道了他的这种习惯，于是便常常把自家的锅巴留给他。

后来，孙恩在吴郡起事，袁太守当天便兴兵征伐。人们为了躲避战乱纷纷逃难去了。万不得已，陈遗这时也随着官署里的人们一齐撤退。他的母亲得到了这个消息，恐怕他在战乱中死去，在家里日以继夜地想念他，最后把自己的眼睛都哭瞎了。

陈遗躲过灾难后终于回到家里。当他背着搜集来的锅巴跨进家门时，忽然看到老母亲已经双目失明，而且她的一双耳朵也已经听不到了，心里头非常难过。又得知他的母亲是为他遭难担心而把眼睛哭瞎把耳朵哭聋时，禁不住大放悲声，痛不欲生。说来奇怪，就在这时候，老母亲的双眼竟然一下子明亮了，清清楚楚地看到了眼前日夜想念的儿子，耳朵里也清清楚楚地听到了他的哭泣声。从此，母子俩又过上了平安的日子。而陈遗，每天还不忘记去为母亲搜集锅巴。

这一传说流传甚远，一直为人们称道。

12. 李勣：最爱姐姐的人

李勣，本姓徐，名世勣，字懋功，曹州离振（今山东东明）人。李勣是唐初的名臣。隋朝末年，李勣参加瓦岗寨起义，而后跟随李世民征讨四方，屡建战功。其李姓为唐太宗所赐。

李勣自小生长在一个条件优越的家庭里，他的父亲是一个很乐于接济别人的人，邻里之间不论亲疏远近，只要有求于他，他都会倾力相助。李勣受到父亲的影响，也以扶贫济困为乐事。即便在他立下功勋做官以后，也从不居功自傲，大事小事，事必躬亲。年纪大了以后，他对自己多病的姐姐仍然感情至深，并且备加服侍。

一次，李勣看到姐姐倒卧在病榻上，心里边十分焦急，便一刻不停地守候在她的床前，为她端饭喂药。这一天，姐姐在病床上声音微弱地告诉他想吃点儿稀粥，李勣听了，喜出望外，马上便为她去点火煮粥。但是，李勣实在算不上是一个操持家务的能手，又不熟悉厨房里的事情，而且到了如今这个年纪，做起任何事情来，手脚就显得缓慢了许多。在亲手煮粥的时候，李勣不小心，让炉里的火苗把自己的胡须烧焦了。

将粥煮好后，李勣把它盛在碗里，端到姐姐的床前。这时，姐姐忽然发现李勣的胡须被火烧焦了，便劝说他从今往后再也不要亲自为她煮粥了。李勣听了，却对姐姐说道："姐姐多病缠身，而我到现在也老了，即便我以后再想给你煮粥吃，又能有多少回呢?"至此以后，李勣经常烹粥喂给姐姐吃，让当时的许多人竞相赞叹。

后来，人们把兄弟姐妹之间的手足情深比喻为"煮粥焚须"。

13. 诸葛亮：最爱大头菜的人

诸葛亮，字孔明，琅邪阳都（今山东沂南）人。三国蜀汉时期的政治家、军事家。曾经隐居在隆中，把自已比作管仲、乐毅，世人把他称之为"卧龙"。刘备得知此人，曾三顾茅庐请他出山，之后，诸葛亮为其在政治和军事上出谋划策、尽心尽力。后来，诸葛亮为报答刘备的知遇之恩，受他临终之托，竭尽全力辅佐后主，并出兵攻打魏国，力求完成统一大业。

当时，蜀中虽然号称是天府之国，拥有大片的良田，人们的生活十分富裕，但是，即便如此，却也难以承受接连不断的征战，使得本来充足的粮食渐渐紧缺起来。然而，兵车未动，粮草先行。又由于蜀军接连不断地出入于祁山之间，蜀道难行，运送粮食就显得更为艰难，为此，军中所需的粮草常常不能得到及时的供应。就在这个形势十分严峻的关键时刻，诸葛亮左思右想，终于想出了解决这一难题的好办法——广泛种植芜菁。

芜菁，也叫蔓青，俗称大头菜，又名九英菘、合掌菜。这种植物茎粗叶大而厚阔，四时皆可食，春食苗，夏食心，秋食茎，冬食根。

军中的兵士们按照诸葛亮的要求，每行军来到一地，头一件事情就是在道路附近大面积地种植芜菁，而且随地栽种，由此使得军中的人和马都得到相应的食物，从而解决了军粮供应不足的难题。蜀军离开一地后，他们所种下的芜菁便留给当地的群众，让当地的人民普遍得到好处。就是因为这样一个原因，人们又把这种菜叫做诸葛菜。其中的含义是不言自明的。

14. 虞悰：最小气的厨子

虞悰，字景豫，南朝齐代会稽余姚人。曾任南朝宋之尚书仪曹郎、州治中、别驾、黄门郎等职。与齐高帝萧道成是布衣之交。萧道成刚做官的时候，家中十分贫寒。虞悰家里十分富裕，见萧道成是一个很有才智的人，便经常接济于他，即便是在每次外出时，也一定要带上他一路同行。萧道成从心里对虞悰十分感激，两个人也便成了感情极深的朋友。

虞悰不但喜欢外出游走，也非常喜欢饮食，并深谙其道，能够制作很多美味的佳肴。虞悰有许多烹饪妙方，却从不传授给别人。齐高帝萧道成称帝后，有一天见到了虞悰，便提出来要品尝一下他近些日子制作的各种菜肴。于是，虞悰便将平日里制作的美食让高帝品尝，高帝一边品尝，一边赞不绝口道："真是太好吃了，这些菜肴真是太美妙啦!"说着，高帝又不高兴地责怪御厨们制作的菜肴实在是太没有滋味。便自然而然向虞悰问起如何烹调出这么好吃的菜肴来。虞悰听了，摇摇头搪塞道："陛下，这些美味你都品尝过后，我可以请你再品尝新作的菜肴，你就没有必要让那些御厨给你做那些没有滋味的菜了。"高帝见他避实就虚，不肯说出制作美食的方法，心里边十分不痛快，于是就一个人喝起闷酒来。喝了没有多大会儿，高帝便醉了，身体不适，要回宫休息。虞悰见状，立即召来一个御厨，向他讲授如何制作醒酒鲭鲊。御厨一五一十根据虞悰的说法，烹制好后献给了高帝。高帝食用后，立时感到神清气爽，吃惊地问刚才服用的是什么，当得知是虞悰敬献的醒酒方时，高帝十分感激。从此后，高帝更为器重虞悰，使得他得以充分施展治国的才能。

15. 韦巨源：最会吃的官僚

韦巨源，唐代长安社陵（今陕西长安县）人。中宗景龙三年任尚书左仆射，总理朝中大政。

“烧尾宴”是唐代盛行的一种习俗。当时的人们认为，黄河鲤鱼溯流而上跳跃龙门时，如有能跃过的，就有云雨相随和天火（雷电）烧尾，使它最终转化成龙。而士子如果初登高位，也就像鱼跃龙门一样，必须向真龙天子的皇帝敬献美食，由此象征鲤鱼被天火烧尾，从此以后就要脱胎换骨，加入到新的行列里，并真正得到皇帝的信任和重用，求日后仕途顺利。

“烧尾宴”是一种仅限在官场同僚之间举行的习俗，是由大臣敬奉皇上的仪式。

“烧尾宴”在唐代盛极一时，新授的大官都要向皇帝献食，即便新登第或者升迁者也要举行这样的活动来宴请朋僚。

韦巨源是在唐中宗景龙二年“官拜尚书左仆射”时为敬奉中宗而举办的“烧尾宴”。他向中宗皇帝敬献的是家中最为珍奇的几十款美食。宋代陶谷的《清异录》中对他所敬献的部分奇异之品有所记载，有单笼金乳酥、曼陀样夹饼、巨胜奴、贵妃红、婆罗门轻高面、金铃炙、光明虾炙、通花软牛肠、生进二十四气馄饨、生进鸭花汤饼、同心生结脯、见风消、冷蟾儿羹、唐安谈、金银夹花平截、火焰盏口䭔、水晶龙凤糕、双拌方破饼、玉露团、汉宫棋、长生粥、天花饆饠、赐绯含香粽子、白龙臛、金粟平槌、凤凰胎、逡巡酱、葱醋鸡、吴兴连带鲊、升平炙、小天酥、仙人脔、卯羹、箸头春，等等。在这份食单中，饭粥菜肴、小吃点心应有尽有，米、面、鱼、虾、猪、羊、鹿、鸡、兔、鹑、熊、狸等皆用以入烹。其制法精细奇特，如“二十四气馄饨”，是用二十四种馅料制成二十四种花形的馄饨，“凤凰胎”是用鸡肚中未成熟的鸡蛋与鱼白拌和制成。这份《烧尾宴食单》至今看来，仍具有极高的参考价值。除却其奢华的一面外，人们可以了解到唐代高级宴会的格局、精美菜点的品种、烹调技艺的状况等。无疑，韦巨源这一次精心敬献的“烧尾宴”，使得龙颜大悦，皇帝大开了眼界，也大饱了口福，更加宠信于他。

16. 宋璟：拥有最贵的筷子

宋璟，唐朝政治家，邢州南和（今属河北）人。素来以刚正不阿著称，虽然曾经遭受贬谪，但是仍然矢志不渝。玄宗初登帝位时精心治理政务，虚心听取文武百官的意见，对宋璟的才能与言行极为赏识，因此任命他为宰相。

由于宋璟的耿直，玄宗在对他的看法上既尊重又畏惧。宋璟的谏言常常会让玄宗感到尴尬和不快，但是，因为玄宗对他有更为深入的了解，深知他的性情忠直，所以大多的时候，对于他的谏言不得不屈意接受。

应该说，自古以来，像玄宗这样礼贤下士的帝王是很少的。宋璟任宰相时，博得朝野上下的一致称赞。朝廷内外人心向善，国富民强。

这年的春天，玄宗在宫廷设御宴，招待文武百官。开宴之时，玄宗把自己所用的一双金筷交给内臣，并让他赐与宋璟。宋璟面对这双金筷子迟疑半天，终于接下来，但是心里却十分纳闷。群臣百官们见了，也觉得奇怪，一时不知道是什么原因，所以宋璟不敢致谢。玄宗见状，一边笑着一边向他解释道：“我赏赐你的那件东西，不是黄金，而是筷子。是为了表彰你的正直无私呀！”宋璟听后，心中大喜，于是赶紧走下殿去拜谢。文武百官听了也立时恍然大悟，纷纷为宋璟举杯相贺。

由于玄宗赏赐宋璟金筷子，以表彰他对朝廷的忠直，朝廷很快又增加了许多直言进谏的人。开元年间，正是由于君主的开明和群臣们的贤能，才使得唐朝走向一片繁荣昌盛。

17. 唐玄宗：最尊贵的厨子

“热洛河”是唐玄宗曾经设计的一种食样，即用刚猎获的幼鹿，取盘、剖肠，用鹿血加热煎鹿肠，趁热食用。玄宗曾经把它赐给安禄山和哥舒翰。

哥舒翰，唐朝大将，世居安西，因屡立战功深受玄宗的喜爱，加封开府仪同三司。同时，大将安禄山因通晓渚蕃语言，善于取媚于玄宗，被官封平卢、范阳、河东三节度使。因为安禄山素日里恃宠骄纵，所以并不把哥舒翰放在眼里，两个人于是便互不相让，矛盾一天深似一天。玄宗将两个人的言行看在眼里，心里边很为他们着急，也常常想为他们两个调解一番。

有一次，哥舒翰和安禄山及安思顺同时来到朝中。唐玄宗立时觉得这是一个劝说的好机会，于是便让骠骑大将军高力士在城东设宴款待他们三个人。又突降圣旨，命在开宴之时，猎杀活鹿，接取新鲜的鹿血灌入鹿肠之中，精心烹制成一道名为“热洛河”的菜肴，供三个人一起品尝。

三个人一起应邀来到城东。高力士笑着迎接他们，并对他们殷勤相待。当他们看着活脱脱的一只幼鹿被宰杀放血，心里头非常兴奋。而当把精心烹制的“热洛河”为他们端上筵席时，他们竟然都忍不住大吃大嚼起来，一边吃着，一边还连声称赞这道菜味道绝妙。高力士见时机已到，于是上前说道：“这款菜肴是皇上特意赏赐给你们的，他希望各位能够尽弃前嫌，互相友好，共辅朝政。”安禄山听了，一边不舍地吃着“热洛河”，一边对哥舒翰说：“我的父亲是胡人，母亲是突厥人；你的父亲是突厥人，母亲是胡人。咱们的族类本来就是相同的，能不友好吗？”哥舒翰听了安禄山的话，却冷冷地说道：“谚语说：‘狐向窟嗥，不祥。’这是说狐忘了本。你既然能对我表示友好，我又怎么能不尽心报之以爱吗？”

安禄山常被人称为“胡儿”，因此一向忌讳别人说到“胡”这个字。哥舒翰这时说到的“狐”与“胡”本是同音，立时引起安禄山的反感，认为哥舒翰这是在讥笑他，忽然起身大怒道：“你这个突厥人，竟然敢骂我？看我怎么收拾你！”说着，便扑打过来。哥舒翰也毫不示弱，站起准备与他厮打。高力士见状不妙，急忙拦在中间对他们两个人进行劝解，并焦急地朝哥舒翰使眼色，哥舒翰会意后，这才借口酒醉头也不回离开了。从此以后，两个人不但没有和解，矛盾反而愈加尖锐。后来，在玄宗的宠幸与放纵之下，安禄山最终掀起了“安史之乱”，从而使得唐朝一步一步走向衰落。

18. 懒残和尚：最会烤山芋的人

懒残，唐代衡山僧人，此为别称，本名明瓒。据说，明瓒和尚一向性情疏懒，食与宿从来没有固定的地方，每到睡醒过后，常吃别的僧人剩下的饭菜，人们便都称他为“懒残”。尽管如此，明瓒和尚仍是我行我素，落得个自由自在。

李泌，字长源，陕西西安人，参与宫室大计，辅翼朝廷，运筹帷幄，是著名的宰相，历经玄宗、肃宗、代宗、德宗四朝，封邺县侯，世人称他为李邺侯。李泌为唐代安邦治国平天下立下了汗马功劳，深受帝王的宠爱和信任，但同时也招来了崔圆等人的嫉恨，因而他一再要求离宫隐居，成为第一个钦赐隐士。

李泌幼年便有神童的称誉，并初通儒、佛、道三家的学识。在唐玄宗政治最清明的开元时期，他只有七岁，已经受到玄宗与名相张说、张九龄的欣赏和奖爱。有一次，张九龄准备拔用一位才能不高、个性比较软弱而且肯听话的高级巨僚。李泌当时年少，跟在张九龄身边，他很率直地对张九龄说：“你自己也是平民出身，处理国家大事，素来便有正直无私的清誉，难道你也喜欢低声下气而缺乏节操和能力的人才吗?”张九龄听了他的话，非常惊讶，马上很慎重地认错，并改口将他称为小友。

李泌到了成年的时期，非常博学，而且对《易经》的学问，更有心得。他经常寻访于嵩山、华山、终南山等名山之间，希望求得神仙长生不死的方术。到了天宝时期，玄宗记起他的幼年早慧，特别召他来讲《老子》，任命他待诏翰林，供奉东宫，因而与皇太子兄弟等非常要好。

因深得帝王信任而惹起崔圆等人嫉恨，为了免遭祸殃，李泌带着皇帝所赐隐士服来到衡山隐居。一天晚上，李泌在山寺里，听到一个和尚念经的声音，悲凉委婉而有遗世之响，便认为这是一位有道的再来人。打听之下，才知道是一个做苦工的老僧，大家也不知道他叫什么名字。平常收拾吃过的残羹剩饭充饥，吃饱了就伸伸懒腰，找个角落去睡觉，因此大家便叫他懒残。李泌知道这些之后，便在一个寒冬的深夜里，独自一个人偷偷去找他，正碰到懒残把捡来的干牛粪，垒作一堆当柴烧，并用它来煨山芋。这个和尚在火堆旁缩做一团，全然一副饥饿寒冷的样子。李泌见了，在一旁静静地站着，直到见他将最后一个山芋煨入火灰中，这才上前拱手作揖，作了一番自我介绍。懒残和尚将他上上下下打量片刻，然后让他坐在地火堆旁，一边烤火一边和他闲聊起来。几句话过后，懒残和尚忽然发觉李泌才高智广，并非一般的世俗之人，很值得一交。同时，李泌也深有同感地把面前这个形容有些脏污的老和尚作为自己的好朋友，并向他讲述了自己的经历和当前所处的境地，请教他如何才能重新展示自己的治国才能。懒残和尚听完李泌一番话后，慢慢地从火灰中拨出已经煨熟的山芋递给李泌。李泌接了，一边吃着山芋，一边听懒残和尚说道："好！好！不必多说了，看你一片诚心，就许你将来做十年的太平宰相吧！"说罢，懒残和尚站起身来，拍拍手就走了。后来，李泌果真又复任宰相之职，并历事三朝，为朝廷立下汗马功劳。

19. 苏轼：最幸运的囚徒

苏轼，字子瞻，北宋文学家、书画家、美食家，眉山（今属四川）人。苏轼才华非凡，与他的弟弟苏辙一同登进士第。宋仁宗曾高兴地对人说："我今天得到了苏轼与苏辙两兄弟，实在是一大幸事。可是，我现在老了，他们兄弟俩对我的子孙将会有用的。"后来，苏轼在湖州做官时，曾经写诗句贬斥李定的不孝。李定时为御史中丞后，便断章取义借苏轼的部分诗句有讥讪朝政之意，将他逮入御史台狱，这便是当时有名的"乌台诗案"。

苏轼入狱之后，只有他的长子苏迈相随着他。苏轼意识到李定这个人必定要把他置于死地，于是便让苏迈在狱外打听消息，如果生活如常，就给他送菜和肉作为一日三餐，而如果一旦发现有预料不到的变故，那么就把原来的饭菜撤去，改肉菜为鱼。

苏迈因为将要吃完自带来的粮食了，于是便外出置办粮食，把给苏轼送饭的事情，托付给自己的一个亲戚，但因为一时匆忙和疏忽而把送饭菜的约定忘记了。

这一天，苏迈相托的这个亲戚，在为苏轼送饭的时候，想到苏轼整天只吃肉菜，时间长了会没有味道，想给他换换口味，于是便自作主张地将家中自制的鱼鲊送到狱中。苏轼接到鱼鲊后，心中感到十分害怕，预想到自己很快就要死在狱中了，而且在临死之前，恐怕再也见不到弟弟苏辙了。想到这里，禁不住心生感慨，悲从中来，愤然写就了诗词二首，请看守他的狱卒转交给苏辙。一首诗写道："圣主如天万物春，小臣愚暗自亡身。百年未了须还债，十口无家更累人。是处青山可藏骨，他时夜雨独伤神。与君世世为兄弟，更结来生未了因。"另一首里写道："柏台霜气夜凄凄，风动琅珰月向低。梦绕云山心似鹿，魂飞汤火命如鸡"，其言辞悲切令人怆然。

苏轼的这两首诗，后经狱吏之手，转呈到了神宗手里。实际上，自从乌台诗案苏轼被逮入狱后，神宗的心里仍记着仁宗当年对他说过的话，内心里并没有杀苏轼的意思，神宗读罢了苏轼的这两首诀别诗，立时心生怜悯，拒绝了一些大臣要求对苏轼使用重刑的想法，接着将苏轼从轻发落，贬谪到黄州，算是捡回了一条性命。

恐怕苏轼自己也没有想到，食鱼鲊竟然有着这样意想不到的作用，使他触景生情诗成二首，继而又因这二首诀别诗，最终免遭大难。

20. 戚继光：让“光饼”成为最便捷的军粮

戚继光，字元敬，号南塘，晚号孟诸。山东蓬莱人。明抗倭名将、军事家。

明代嘉靖年间，我国东南沿海经常有倭寇从海上侵入，登陆后烧杀掳掠、无恶不作。浙闽近海地区老百姓饱受这些侵略者造成的苦难，许多人家不得不背井离乡，到处流浪，以乞讨求生。朝廷得知此事后，特授意戚继光在浙江沿海迅速组建一支精锐的军队。这支军队被人称之为“戚家军”，专门对付从海上入侵的倭寇。经过大大小小十多场战斗，戚家军英勇杀敌，取得了一个又一个的胜利。

从 1562 年起，戚家军再次赴闽作战。入侵倭寇为了避免与戚家军正面交锋，十分狡猾地改变了战略战术，经常采取“游击战”的形式，打打跑跑，继续骚扰沿海百姓。戚继光发誓一定要一举全歼倭寇，在充分研究敌情之后，亲自率领将士不顾山路险阻和疲劳，寻找战机与倭寇作战。

由于倭寇行迹不定，不时在黑夜偷袭。戚继光率兵追杀，贵在神速，所以总嫌埋锅做饭拖延时间，可一时又想不出另外的办法。

这一天，戚继光行军到达慈溪龙山东门外时，正巧有一个老农走上前来，向戚继光献上了许多个中间带有个小孔、外边撒放着芝麻的咸饼，以作为对戚家军的慰劳。老农说道：“你别看这饼光光的，它可以用绳子穿着带在身边，饿了的时候撕下来，可以充饥呢!”戚继光手里握着这种咸饼，连声称赞道：“老伯伯，你想得真周到，真要谢谢你了。有了这光饼，以后咱们行军就再也不会耽误时间了。”消息传开后，各地百姓都争先做了光饼献给戚继光的军队。

在当地人民的热情支援下，戚家军将士更加奋勇作战，狠狠地打击了侵略者的嚣张气焰，使倭寇连遭重创，死伤惨重。戚家军所向无敌，侵略者闻风而逃，再也不敢轻易登陆骚扰了。此后，数十年的和平、安定局面在福建沿海出现了。戚家军所食用的饼也被称为“光饼“流传下来。

至今，“光饼”仍是福建的传统小吃。

21. 宋荦：获赐御用豆腐秘方的人

宋荦，字牧仲，号漫堂，又号西陂，河南商丘人。宋荦博学多识，才华出众，对诗文书画及文物十分精通，康熙年间曾任江西巡抚，迁吏部尚书。

在宋荦任江西巡抚的十三年时间里，康熙皇帝出巡江南，他曾三次接驾并陪同游玩，所到之处，受到最隆重的接待。

康熙十分注意褒奖地方官员。他欣赏了一处又一处美不胜收的自然风光，又品尝了一道又一道名不虚传的美味佳肴，感受了江南人民的太平与富裕之后，禁不住喜上心头，对江南各地的一些官员进行嘉奖，同时，对他们赐以许多的美味。

有一次，康熙皇帝南巡，对巡抚宋荦的表现十分满意，便想着赐他样美食，以表爱心。可是，宋荦的年纪那样大了，到底赐他什么合适呢？康熙想了半天，终于想出了一个好主意。

这一天，康熙皇帝身边的内臣忽然带人来到宋荦府中，受皇上之命为他带来了康熙亲赐的食物：活羊四只、糟鸡八只、糟鹿尾八个、糟鹿舌六个、鹿肉干二十四束、鲟鳇鱼干四束、野鸡干一束。望着这么多好东西，宋荦心里边竟有些受宠若惊了。内臣传旨道："因为宋荦是老臣，与其他的巡抚不同，所以应该照着将军、总督的规格加以赏赐。"但是，还没待来得及叩谢，内臣又传达康熙皇帝的一道旨意：因宋荦年迈，特赐予一样御用豆腐的做法。此豆腐与寻常不同，可让御厨太监传授给宋荦巡抚里的厨子，也好为宋荦后半世所用。宋荦听到圣旨，立时感激万分，俯身叩谢，并立即派家厨到御厨那里去取经学习，学得了御用豆腐的制作方法。

三、菜谱里的那些泪水

1. 文君相如：爱情做菜

卓文君和司马相如是汉代的一对才子佳人。

司马相如，字长卿，蜀郡成都人，是西汉时期著名的大文学家。年轻的时候，司马相如喜欢读书，并学会了击剑，因敬慕战国时蔺相如的为人，所以改名为相如。

司马相如早年家贫，并不得志。后来，结识了临邛县的县令王吉，两个人成为好朋友。

有一次，王吉带着司马相如，到临邛的大富翁卓王孙家做客。卓王孙见司马相如丰姿俊雅，又得知他能辞善赋，于是便热情款待。

几个人酒兴正浓的时候，临邛县令王吉侧身征求司马相如的意见道：“我常常听人说起您很善于奏琴，您能不能在这里为大家弹奏一曲，也好让我们借这个机会领略一下雅乐的韵味，一饱耳福呢?”

司马相如再三推辞，但见众人真诚相邀，略思片刻，便弹起了一曲《凤求凰》。琴声如行云流水，声声动人心弦，大家在这美妙的曲调里很快便如醉如痴：

凤兮凤兮归故乡，遨游四海求其凰。
时未遇兮无所将，何悟今夕升斯堂。
有艳淑女处兰房，室迩人遐毒我肠。
何缘交颈为鸳鸯，相颉颃兮共翱翔。

卓王孙有一个十八岁的女儿，名叫卓文君。卓文君不但人长得聪慧美丽，而且对琴棋书画也无所不能。司马相如同临邛县令王吉一起到卓王孙家做客的时候，她正因为丧夫而寡居在娘家。这年，司马相如还没有娶妻，从王吉的嘴里得知文君是一位贤淑女子而且多才多艺时，也便心生了求凰之情。

殊不知，当司马相如来到临邛县的时候，卓文君也早就听说了。恰恰司马相如又来到卓家，在席间弹琴赋诗时，卓文君一直藏在门后偷偷注视他，并为之心动，遂对司马相如生出爱慕之情。

宴席结束，司马相如回去后，又趁热打铁备下一份厚礼，让人送给卓文君左右的侍从，并殷勤转达了自己对卓文君的爱慕之情。

没想到，这件事情却受到了卓王孙的强烈反对。

卓文君得知后，前思后想，连夜偷偷离开了家门，私奔到司马相如的住处。司马相如一见卓文君来到，喜不自禁，二人悄悄地连夜购马，日夜兼程，回到司马相如的成都老家，并结为百年之好。

两个人逃到成都后，日常生活十分困难。后来，卓文君把自己的衣裳和首饰都卖完了，可还是生活拮据，于是，两个人经过商量后，万不得已又返回临邛县，在亲朋好友的帮助下，开起了一家小酒馆。每天里，卓文君在酒垆旁卖酒，司马相如则一边做招待一边做起洗涤杯盘的杂役。这件事情在当时作为一大奇闻，很快便四处流传开来。卓王孙知道后，感到这件事情有辱家庭门风，于是决定给女儿重金陪嫁，再不要开酒馆过生活了。就这样，司马相如和妻子卓文君一起又重新回到成都老家，买田购屋，饮酒抚琴，过起了安乐而又幸福的新生活。

2. 范式张劭：友情炖鸡

范式，字巨卿，东汉时山阳金乡人；张劭，字元伯，汝南人。两人年轻时进京城同为国子监生，脾性相投，是至交好友。因不满朝政的黑暗，二人同时离别京城，辞归乡里。

在投奔各自家乡之前，两人恋恋不舍。范式眼里含着眼泪对张劭说：“我们今日暂别，等到两年以后的这个时候再相聚吧。那时，我要到你的家里去看望你并拜见高堂老母。”张劭听了，非常高兴。

两年的约期很快就来到了。两个人的心里一直记着这个约定。

这天一大早，张劭央求母亲好好准备些酒菜，迎接款待好友范式的到来。张劭的母亲听了儿子的话，迟迟疑疑了半天，说道：“你们两个人已经分别了两年了，又相距千里，你真的相信原来的约定啊？也许他已经把这件事忘记了呢！”

张劭见母亲这样说，摇摇头，坚定不移地对母亲说道：“不会的，范式是一个讲信誉的人，我相信他一定不会违约的。”于是，张劭的母亲便开始为迎接儿子的好友范式的到来杀鸡烹黍，忙碌起来。张劭则迫不及待地站在自家的门口等候范式。果然，过了一会儿，张劭就看到了不辞千里之遥奔波赶来赴约的范式。张劭忙跑上前去迎接他。两个人远别重逢，分外高兴，都激动地流下了眼泪。等到范式拜见了张劭的老母亲后，两人这才坐在席间，开始畅饮起来。

后来，张劭染病身亡。临终时，张劭叮嘱他的家人，一定要等待范式前来为自己下葬。这一天，范式正当午睡的时候，张劭便托梦给他，告诉他自己已经死了。范式梦醒后痛哭不已，当即素服赶往汝阳奔丧。为张劭下葬的人们拖不动张劭的灵车，范式竟然亲自引灵为好友下葬，并为他守墓百日。

后人都把范式和张劭树为重友情、守信义的楷模。而渊源于范式和张劭深情厚谊、坚守诚信的名词“鸡黍约”、“鸡黍期”，常被人们应用。唐代唐彦谦《道中逢故人》诗：“良会若同鸡黍约，暂时不放酒杯空。”宋代苏轼《送沈逵赴广南》：“君归赴我鸡黍约，买田筑室从今始。”等，使用“鸡黍约”、“鸡黍期”的典故，更增添了诗情诗韵。元代人宫大用还据此为题材，编写了杂剧《生死交范张鸡黍》。

3. 张翰：乡情炖鱼

张翰，字季鹰，吴（今江苏苏州）人，西晋文学家。其父张俨是东吴时鸿儒。张翰出身于官宦之家，自小纵任不拘。

吴亡时，张家作为世族，顿然失去了昔日显赫的地位。张翰开始凭借自己的力量，在政治舞台上寻找出路。

当时晋王朝为了安定江南的社会秩序，采取恩威并施的手段，网罗江南俊杰。于是，江南一些饱学之士如陆机、陆云、张翰等，陆续来到了京城洛阳。

张翰来到洛阳后，被齐王司马同任为大司马东曹掾，即执掌政务军务的官员。此时，齐王司马同专权，大封皇子，重用外戚，将一个进步的局面一下又推向了一个大乱的趋势。政事混乱，祸难不止。张翰十分明智地看到了形势的发展，预感到将来的后果，便想着激流勇退，解甲归田去过隐居的日月。

洛阳是胡汉文化的中心地区，在饮食上秉承了胡文化。所以当地的一些高官贵族，常常笑话南方人与他们迥然不同的饮食习惯。在中原，吃得最多的就是羊酪和中间夹了羊肉馅的胡饼，对于张翰来讲，这类粗陋的饮食无论如何都是难以下咽的。

当秋天来临的时候，洛阳城里已经没有什么上好的蔬菜了，张翰触景生情，油然想起千里之外的家乡，想起吴中的莼菜和菰菜，它们竟是那么的软滑甘美，而由海入江的四鳃鲈鱼相比之下更加肥美味鲜。想到这些，张翰禁不住思乡情浓，信手写下了一首《思吴江歌》：“秋风起兮木叶飞，吴江水兮鲈鱼肥。三千里兮家未归，恨难禁兮仰天悲。”这首诗充分反映了他当时的心境，也见出他要思归的原因根本不是想吃家乡的莼鲈。

写罢这首诗作，张翰乡情难禁，于是对于短暂的人生发出种种慨叹。想到自己为了到京城来做官博取功名，却舍弃遥远家乡的亲人，以及家乡大好风光，未免太让人在情理上能以接受。于是，毅然辞掉自己的官职，驾船回乡去了。

张翰离开洛阳回到江南，半年后，齐王被杀。太安三年，身为平原内史的陆机和陆云相继被杀，张翰得知此事后，不由感叹，后悔当初没有及时劝他们回江南。

对于张翰当初的选择，人们都称赞他的明智。可他因此也失去了官职。有人曾经向他问道：“你告别官场，隐居田园，当初只想到一时的闲适，难道你就没有想到身后的名声吗？”张翰却答道：“与其让我留得身后的名声，还不如现在给我一杯酒呢！”人们听了，对他如此的旷达，不由在心里生发出由衷的敬佩。

张翰回到吴中后，全心全意在家里侍奉老母亲，饮莼羹，食鲈脍，直到五十七岁去世，被葬于苏州横山东五里。

而当年张翰无意仕途，秋思莼鲈的典故，却至今仍被称为美谈，留给世人一则千古佳话。

4. 陆机：谁不说俺家乡好

陆机，字士衡，吴郡吴县华亭（今上海市松江）人，西晋文学家。自小时便文采过人，有文章冠世之称。陆机从二十岁开始在家闭门读书整整十年。直到晋太康末年，陆机与弟陆云一起被召入京城洛阳。陆机和陆云素以文才名重一时，被世人称之为“二陆”。

到达洛阳后，有一次，陆机去拜访侍中王济。王济设宴款待了他。酒宴上，王济指着名贵大菜“羊酪”，请陆机品尝一下，接着，非常得意地问陆机道：“你的家乡吴中有什么样的美味能够与羊酪相比呢?”陆机简单地品尝了一下面前的羊酪，而后说道：“有千里莼羹，但未下盐豉耳!”陆机在这里所说的莼羹，即指的是太湖特产。他说这句话的言外之意是，家乡的莼羹浓滑甘美，即使不放盐豉，也能与羊酪匹敌；要是下了盐豉，那味道更是在羊酪之上。然而，在王济面前，出于礼貌，不便明言，由此便巧妙地作了这样的回答。

有关陆机钟情家乡风味美食的故事，在世间广泛得到流传。

5. 王肃：诚心品肉

王肃，字恭懿，南齐琅邪临沂（今山东临沂）人，任秘书丞之职。太和十八年，王肃因父兄被齐武帝所杀而投奔北魏，受到了北魏孝文帝的任用。

王肃在南齐时就十分喜欢喝茶，投靠北魏后，仍然习惯于喝茶；吃饭的时候，也保留了南齐时的偏好，喜食鲫鱼羹，而对北国的羊肉和奶酪等碰也不碰一下。他常常觉得牛羊肉腥膻味重，难以下咽，用牛羊马奶制成的酪浆更是无法饮用。他喜欢喝茶，据传说他一次能喝一斗的量，所以人们给他取了个绰号，叫“漏卮”，意思是说，王肃这张嘴好像破漏的杯子，喝了还要喝，老添不满。

几年以后，王肃对羊肉、奶酪之类已能接受，而且还能够领略到它们香美的味道，继而又喜欢上了这些北国的饮食。

有一天，孝文帝大摆宴席，宴请王肃和其他的一些官员，宴席上所摆放的莱肴都是由牛羊肉做成的，饮用的也是北魏人常喝的酪浆。这一次，王肃居然吃了很多的羊肉和酪浆。魏孝文帝见他这样，感到十分奇怪，于是便向他问道："以你汉人的口味来比较一下，羊肉和鲫鱼羹，茶和奶酪，到底是哪一个味道更好呢?"

王肃想了想，回答说："羊是陆产之物中味道最鲜美的，鱼则是水产中的第一美味，两者各有各的味道，但是都可以称得上是上好的美味。如果一定要比一下的话，我只能说羊肉好比是齐鲁这样的大邦，而鱼呢，就像邾莒这样的小国。"说到这里，王肃笑了笑，望着孝文帝继续道，"这里边，只有茶是最不中用的东西，它最多只能给奶酪当个奴仆。"

王肃的回答，立时引得孝文帝哈哈大笑起来。当时在一旁的彭城王元勰对王肃问道："你不怎么看重'齐鲁大邦'，而偏爱于'邾莒小国'，这又是为什么呢?"王肃叹了口气，仿佛自言自语道："这是我们家乡最好的东西，我不得不偏好啊!"元勰听了，对王肃说："那么你明天到我府上来，我专门为你摆一桌'邾莒之食'，当然，还有'酪奴'。"

从此，"酪奴"作为茶的一个别称，也便传开了。而王肃这种入乡随俗的生活态度也为后来的人们所仿效。

6. 刘恂：善心传粤菜

刘恂，唐昭宗年代人，曾被任命为广州司马，前往岭南。刘恂来到偏远的岭南之后，一面处理政务要事，一面对当地的民风民俗进行深入的了解。他惊喜地发现，在岭南一带有少数民族聚居的地方，许多的饮食习俗都十分特殊，并且还生长许多独特的物产，于是，细心的刘恂便将这些平日里收集的民间饮食习俗整理成册，而后终于写成《岭表录异》一书。

在《岭表录异》这本书里，刘恂详细记载了岭南奇异的食物及饮食方法，如圣齑、不乃羹等。所谓圣齑者，是用牛胃中已被消化了的草为原料，加上盐、酪、姜、桂等调料配制成的羹，人食用了这种羹后，能起到消除腹胀的作用，因此，它是岭南人餐桌上必备的食物；不乃羹则是将羊、鹿、鸡、猪等的肉和骨头，放在锅里一起熬煮，一直等到锅里的汤汁熬到十分稠浓的时候，将肉和骨头捞出来，在汤里加上姜葱等调料，调好之后，将汤汁倒进一只盘子里，然后用一种特制的银勺舀起汤汁，把勺嘴放置鼻端，抬起头使其慢慢倾斜，渐渐将不乃羹“吃”下。当地的人们在举行宴会的时候，是离不了这道“美味”的，常常把它作为第一道菜，先把它吃掉。但是，吃不乃羹需要一定的技巧，刘恂一开始来到岭南的时候很不习惯，又觉得十分好奇，于是便记录了下来。像这样的饮食习俗，只刘恂记录下的就有十几条。

时至今天，由于年代久远，刘恂的《岭表录异》，已经在民间散失，但是，《永乐大典》中对此仍有部分内容可以参考，无疑，它是了解当时南方少数民族饮食习俗的一份十分宝贵的史料。

7. 苏过：孝心煮饭

北宋文学家苏轼才华横溢，但是他的一生却历尽曲折，仕途也连遭坎坷，年过半百时，还被贬到偏远的岭南。

苏轼在岭南的生活是十分艰苦的。当地的人们以种植山芋（山药）为粮，所以，苏轼素日里是很少吃得到稻米的，感到很不适应。

好在三儿子苏过在他漫长而多难的流放生涯中，一直陪伴在他的身边，才使得苏轼在生活上稍稍感到了安慰。苏过也是一个颇有才华的人，他的性情也像极了他的父亲。

在岭南，有一段日子，苏过看到父亲由于得不到饮食上的营养而日渐体弱衰老，心里边非常着急。见父亲一日三餐总是吃芋头，苏过非常难过，便想方设法给父亲制作可口的菜肴，改善他的饮食。有一天，苏过拿着山芋正要准备饭菜的时候，突然想出了一个新的烹制方法，于是，便开始兴致勃勃地点火架锅，以山芋丁为主料，不一会儿，便制作出一锅乳白而浓香的山芋羹来，味道甘美异常。苏过把它孝敬给了父亲。苏轼吃后大为叹赏：“过子忽出新意，以山芋作玉糁羹，色香味皆奇绝。天上酥陀则不可知，人间决无此味也。”接着取笔写下《玉糁羹》一诗：“香似龙涎仍酽白，味如牛乳更全清。莫将南海金齑脍，轻比东坡玉糁羹。”意思是说，在人们的传说中，天上的“酥陀”是虚幻不实的，它的味道到底怎么好，有谁能够知道呢？在我看来，它却是没有办法与我的玉糁羹相比高下的，即便是隋炀帝极为称道的“金脍”，又怎么能与“玉糁羹”相比呢？

时至今天，玉糁羹作为东坡系列菜之一，仍被视为餐桌上的一道美味。

8. 郑板桥：清醒作画，糊涂煮粥

郑燮，字克柔，号板桥，江苏兴化人。清乾隆元年进士，官任山东范县（今属河南）、潍县知县，辞去官职后久居扬州。他一生落拓不羁，为“扬州八怪”之一。他的诗书画，在思想内容方面都具有一定的深度和广度。绘画上善兰、竹、石，尤精墨竹，擅长水墨写意。

郑板桥在年轻的时候，曾立下修身、齐家、治国、平天下的远大志向。但是在他做了县官以后，身临其境地接触到了社会的黑暗与民间的疾苦，种种的事不遂愿使他深深感到自己当初树立的远大志向竟是那样的难以实现。于是，很长一段时间里，他陷入种种矛盾之中，一面对眼前黑暗的现实极度不满，嬉笑怒骂，揭露鞭挞，试图改变世风，而另一面却又感到悲观失望，万般无奈，于是挥笔写下了著名的字幅“难得糊涂”。而在给他弟弟的一封家信里，郑板桥把用稻米煮成的稀粥称作“糊涂粥”，并饶有兴致地在纸上谈起了于寒冬之晨食糊涂粥的乐趣：“知新置田获秋稼五百斛，甚喜。而今而后，堪为农夫以没世矣！……天寒冰冻时，穷亲戚朋友到门，先泡一大碗炒米送手中，佐以酱姜一小碟，最早暖老温贫之具。暇日咽碎米饼，煮糊涂粥，双手捧碗，缩颈而啜之，霜晨雪早，得此周身俱暖。”

郑板桥出任潍县知县时，有一年正赶上当地闹饥荒，饿死了许多的人，于是，郑板桥便让当地的一些富裕人家开仓放粮，煮粥赈济逃荒的饥民。后来，他因此而遭到谗言并受到别人的陷害，万不得已辞官回到老家，素日里以卖画为生，但却不忘记接济那些衣食无着的贫民。

郑板桥七十一岁那一年，与曾任沭阳知县的诗人袁枚相会。袁枚深受他的影响，在《随园食单》中也以“糊涂”为名，命名了一款鸭肴，即“鸭糊涂”。其制作方法是：“用肥鸭白煮八分熟，冷定去骨，拆成天然不方不圆之块，下原汤内煨，加盐三钱、酒半斤，捶碎山药同下锅作芡。临煨烂时，再加姜末、香蕈、葱花。如要浓汤，加放粉芡。”

四、灶台上的那些食神

1. 彭祖

彭祖，姓筏，名铿，生于夏代，相传为颛顼帝玄孙，与尧、舜、禹是同时代人，古代养生家。他享年八百岁，被尧帝封于大彭。

彭祖喜好饮食，谙熟烹调技艺，是我国有文字记载以来的第一位烹饪大师。

尧帝由于长期操劳国家大事，身体欠佳，彭祖就射猎了一只山鸡，宰杀之后，精心做成美味的野鸡羹，进献给尧帝。尧帝品尝后，不仅感到味道鲜美，而且感到自己的精神也立时爽朗起来，禁不住大加赞赏。

彭祖得知尧帝的身体状况愈来愈好后，便三天两日为尧帝精心烹制上好的野鸡羹。尧帝为此深受感动，高兴之下，便将彭祖分封到彭城（今徐州），建立大彭国，人称彭祖。

彭祖到了彭城，从夏朝到商末，不但自己能够精心烹制饮食，而且还将自己高超的烹调技术无私地传授给前来向他求学的人。

直到如今，徐州地区还流传着这样一首诗，来赞颂彭祖："雍巫善味祖彭铿，三访求师古彭城。九会诸侯任司庖，八盘五簋宴王公。"

关于彭祖的事情，在汉代刘向的《列仙传》、晋代葛洪的《神仙传》等书中均有记载。

2. 庖丁

庄子，名周，字子休，战国时宋国蒙（今河南商丘）人，著名思想家、文学家。曾为漆园吏。庄周一生著书十余万言，书名《庄子》，是我国古代典籍中的瑰宝。

庄子无论在哲学思想方面，还是文学语言方面，都给予我国历代的思想家和文学家以深刻的，巨大的影响。庄子布衣草鞋，糁汤野菜，安居陋巷著书立说。生活难以维持时，曾向监河侯借过粮食。

楚威王听说庄周是个有学识而又贤德的人，于是就让人准备了千金厚礼前来漆园，请他任楚国宰相。听完楚威王派来的人言明来意，庄子笑着说道：“千金可算是重礼了，相位也可谓尊贵至上。可是，你见过祭祀时的牛吗？人们把牛喂养肥了，祭祀时又给它披红挂彩，但是最后还不是牵到太庙杀了作祭品吗？所以，我宁愿在淡泊无为中度日，也不愿去做那让人作祭品的牛啊！”庄子在谈笑中“喻牛辞相”，最终没有成为楚国的宰相。

庄子在《庄子·养生主》中，作“庖丁解牛”一文尤为后世传诵。在这篇文章里，庄子以“庖丁解牛”的寓言打比喻，说明了世界上事物虽错综复杂，但只要适应各种各样的环境，就不会使自己受到损伤。

庄子首先对庖丁解牛的情景进行了一番描述：庖丁在解牛的时候，手、肩、脚、膝密切进行配合，然后用刀顺着牛体的机理分档取料，刀割牛肉的声音与牛肉断裂的声音浑然一体，就像一首美妙的乐曲。由此可见庖丁的刀法和刀技已经达到了出神入化的境界。

接着，庄子借梁惠王与庖丁的问答，说明了庖丁解牛的技巧为什么会那么高明。

梁惠王问道：“你解牛的技术怎么竟会高超到这种程度啊？”

庖丁放下刀回答说：“我所爱好的，是事物的规律。我开始宰牛的时候，眼里所看到的没有不是牛的；三年以后，不再能见到整头的牛了。现在，我凭精神和牛接触，而不用眼睛去看，视觉停止了而精神在活动。依照牛的生理上的天然结构，击入牛体筋骨相接的缝隙，顺着骨节间的空处进刀，依照牛体本来的构造，筋脉经络相连的地方和筋骨结合的地方，尚且不曾拿刀碰到过，更何况大骨呢！技术好的厨师每年只需要更换一把刀，因为他是用刀硬割断筋肉的；一般的厨师每月就得更换一把刀，因为他是用刀砍断骨头的。你看我的刀已经用了十九年了，所宰的牛有几千头了，但刀刃的锋利就像刚从磨刀石上磨出来的一样。那牛的骨节有间隙，而刀刃很薄；用很薄的刀刃插入有空隙的骨节，宽宽绰绰地，对刀刃的运转必然是有余地的啊！因此，十九年来，我用过的这把刀的刀刃还像刚从磨刀石上磨出来的一样。虽然这样，每当我解牛碰到筋骨交错聚结的地方，看到那里很难下刀，就小心翼翼地提高警惕，视力集中到一点，动作缓慢下来，动起刀来非常轻，豁啦一声，牛的骨头和肉一下子就解开了，就像泥土散落在地上一样……”

庖丁的一番话，说明了一个道理：解牛不仅要懂得解牛的技术，更重要的是你必须懂得这其中的道理与规律。而等到技术熟练后，就要弄清楚牛体中骨节经络、腠理等结构，然后依循牛体结构的自然腠理去解割，这样才能达到出神入化的境地。

庖丁认为，只要依照规律而行，就可以游刃有余，并以自身的实际经验证明了这一点。

最后，梁惠王感叹地对庖丁说道：“我听了你这番话，已经懂得了养生的道理了。”

后来，“庖丁”一词就成了烹调技法超凡者的代名词了。

3. 刘安

刘安，西汉思想家、文学家，沛郡丰（今江苏沛县）人，汉高祖刘邦之孙，淮南历王刘长之子，袭封为淮南王。

刘安笃信道教，为求长生不老之药，招方士（好讲神仙道术者）数千人，有名者为苏非、李尚、左吴、陈由、伍被、毛周、雷被、晋昌等八人，号称“八公”。他们常聚在楚山（即今八公山）上谈仙论道，著书炼丹。在炼丹过程中，用黄豆汁培育丹苗，于无意之间，豆汁偶然与石膏相遇，不久就出现了沉淀、凝结，这就是后来的人们所称的豆腐。他们经过试尝后，感到这东西软嫩清鲜，可口无毒，从此后便经常制作享用它，继而用不同的烹调方法制作出各种豆腐菜肴。更让人高兴的是，经过一个时期的食用后，每个人都觉得精神焕发起来，于是便把它当作丹药，流传于世。

后来，人们为了纪念刘安的这一发明，便将刘安与八公当年炼丹的那座山取名为八公山，而用山下的泉水制成的豆腐则称之为八公山豆腐，八公山豆腐至今仍是当地名产。

此典故，在李时珍的《本草纲目》和叶子奇的《草木子·杂制篇》中均有记载。

4. 楼护

楼护，字君卿，西汉时人。从少年起就跟着父亲行医，并且读过数十万字的本草、医经、方术书籍。他医术高明，又善于吟诗作赋，所以很为世人称道。楼护长大之后，不再和父亲一起行医，而是专心致志学习起经传来，后被任命为京兆吏。

在做京兆吏的时候，楼护认识了汉成帝的母舅王谭、王根、王立、王商、王逢这五位同时被封侯的“五侯”。但是，当时，这五侯家家宾客盈门，而彼此之间却互相争名，各自为政，即便宾客与宾客之间也不互相来往。楼护得知这些，凭借自己的智慧和善辩的才能，经常到他们家里串行走动，深得五侯们的喜欢，并由此个人关系十分亲密。

五侯各家从来不把他当外人看，只要他来，便拿出山珍海味来款待他，并在席间吟诗作赋。

有时，即便楼护不来，只要五侯们新得到别人送来的奇珍佳肴，也要专门派人给楼护送一份过去品尝一下。

有一天，楼护将要吃午饭的时候，竟然同时得到五侯派人送来的美味佳肴。楼护一一致谢接受下来，但是，面对这五道味道佳美，色彩各异的菜肴，一时不知道应该先品尝哪一道。楼护举起筷子半天也作不下主来，于是，便想到了一个好主意，当即让厨师把这五款菜肴掺合在一起，重新回锅烹制，很快，一道新的菜肴就这样十分轻易地就制作出来了。厨师把这道新制作的菜肴重又端上桌来，楼护举起筷子品尝了一下，竟然喜不自禁。感到这款菜肴既保持了原来那些菜肴的特色，又不同于原来，风味十分特别。

从此后，楼护便常将一些不同的菜肴合在一起烹制，其他人品尝了这种特制的菜肴后，也都连声说它的味道好。即便是一道菜肴，也要有一个名字，想来想去，楼护便把它叫做“五侯鲭”。

五侯鲭的“鲭”，指的就是鱼和肉等合在一起的大杂烩。杂烩菜用料丰富，口感多样，所以深受大众的喜欢，也成为现在民间、餐馆常见的一种菜肴。

5. 荀勖

荀勖，字公曾，汉代荀爽的曾孙。在三国时的魏国任中郎。入晋后为秘书、光禄大夫，专管国家的机密大事。荀勖博学明识，做事慎密细致，平日里喜欢品尝和辨别饮食的滋味。

有一次，晋武帝在宫中设筵宴请文武百官，荀勖自然也被邀请参加了这次宴会。当众多的美味佳肴一一被端上餐桌之后，百官们吃了都禁不住称赞这菜肴味道的鲜美。但是，荀勖品尝了一下面前的一道笋肴，又品尝了一小口饭后，就放下了筷子。和他坐在一起的人见荀勖只品尝了一点儿饭菜就再也没有取食享用的意思，于是便问他到底是什么原因。荀勖对那人笑了笑，而后说道："这些饭菜都是用废弃了的旧车脚料——'劳薪'做燃料烧制的，不如用上等的木柴烧制的好吃啊！"

其他的人听了荀勖说这话，接着又仔细地品味了一番，说道："并没有什么不一样的地方啊，你又是怎么品尝出来的呢？"荀勖笑而不答。晋武帝得知后，心里边也感到蹊跷，为了验证这些饭菜到底是不是如荀勖所言是"劳薪"做的，于是便让人去问御膳房的厨师。厨师回答说："这些宴席上的饭菜确实是用废弃旧车的车脚料当柴火烧成的。"当前去问话的人回来后，把厨师的原话又向晋武帝复说了一遍后，晋武帝和身边的文武百官们，都禁不住对荀勖的辨味才能佩服不已，这件事情立时被传开来，并成为一桩美谈。

6. 石崇

石崇，晋代人，字季伦，别称齐奴，祖籍渤海南皮（今属河北），因生于青州，故小名齐奴。石崇为当时的一个大富豪。历任荆州刺史、太仆等职。

石崇年少时便十分聪明，而且有勇有谋。元康初年，石崇出任南中郎将、荆州刺史。在荆州做官时，因劫掠来往的客商，很快便成为当地的一大巨富，由此生活便越来越变得荒淫无度。他不但在河阳置办了金谷园，把自家装饰得金碧辉煌，而且整日里宴请宾客，饮酒无度，奢靡之极。

生活里，石崇有一个对手，是当地的另一个富豪，名叫王恺，石崇与王恺素日里都以争奇斗奢来显示自己的富有。这种显示多是表现在宴客上。

石崇在府中宴客时，为了显示自己的富有，总少不了在开宴后，让厨师制作两样新鲜的美味，一是豆粥，二是韭菜酱而且豆粥都是在顷刻之间便做成。然而，豆粥要在顷刻之间做成，是一般人所不能够达到的，为此，在座的宾客都感到十分新奇。石崇每到寒冷的冬天，还喜欢在宴客时便拿出新鲜的韭菜酱招待客人。韭菜虽然并不值钱，但是它在冬天是不生长的。弄到这样的食物，实在让人叹服。

王恺拿不出这两样美味的菜肴，自愧不如，于是便想尽办法从石崇的家人那里打开缺口，打探这其中的奥秘。但是，石崇对自己这些奇特食物表现得非常自豪，关于它们的制作方法和原料来源对外都是严格保密的。王恺为了达到自己的目的，便在暗地里用重金收买了石崇的管家。管家如实对他说："大人不知，这些豆子可是非常难煮的，但是，只要你先把这些豆子煮熟，做成碎末，等客人们都到齐了以后，再把它们投入到已经煮好的白粥里，这不就一下子变成了餐桌上的豆粥了吗?”王恺接着又问管家韭菜酱的事情，管家说:“那些韭菜酱不过是用捣好的韭菜根跟切碎的新鲜麦苗掺杂在一起的而已。”

王恺听了，立时恍然大悟。接着便如法炮制，从而战胜了石崇。而当石崇听说了这件事情后，紧接着就把告密管家杀掉了。

7. 苻朗

苻朗，字元达，晋朝人。曾任镇东将军，青州刺史等。苻朗被他叔叔苻坚称为“千里驹”，但是这个人的能耐显然不在腿上，而在他那一张嘴上。

据说苻朗是一个十分喜欢钻研饮食的人，他做的酱及肉食都有自己的一套妙方，味道很好。不仅如此，苻郎最拿手的就是对做好的菜肴能够辨别出它滋味的好坏，能准确地说出它所使用的原料。

有一天，会稽王司马道子专门设宴款待苻朗，宴席上的佳肴十分丰盛，几乎囊括了江南席中的最好的美味。饮酒的时候，司马道子十分得意地看着满桌的美酒佳肴，向苻朗问道:“你说说看，在你们关中的饮食里，有什么能够和今天我们吃的这些佳肴相比呢?”苻朗笑了笑，不慌不忙地回答道:“的确，今天我们吃到的这桌筵席算得上是很好的，但是，只是有一点不尽如人意。”司马道子忙问道：“你说说看。”苻朗又笑了笑说：“不过是调味用的盐稍微生了一点儿罢了。”司马道子听了，感到十分惊疑，便亲自去问做菜的厨师。果然，厨师的回答和苻朗所说的如出一辙。通过这么一件小事，司马道子从内心里不由对苻朗这个人感到佩服。

还有一次，苻朗的一个朋友杀了一只鸡，把它做成了一道佳肴后，便请苻朗前去与他一起分享。席间，苻朗随便挟起一块鸡肉，放到嘴里边咀嚼，片刻，放下筷子对他的那个朋友笑着说道：“你这只鸡是在笼子里养大的，并且经常把半个身子露在笼子的外头。是不是这样呢?”苻朗的那个朋友听了，感到有些疑惑，于是便起身去问养鸡的一个仆人，仆人回答的话，果然和苻朗所说的一样。

后来，苻朗又有一个机会和他的那个好朋友一起吃鹅肉。两个人品尝了一下，苻朗又张口说道：“这只鹅的羽毛有白的也有黑的。”朋友不相信他的话，问道：“你又没见过这只鹅长得什么样儿，怎么会知道这只鹅的羽毛有白的有黑的呢?”苻朗笑着说：“我不但知道它的毛色，我还能说出这只鹅全身的毛色是怎么分布的。”朋友十分好奇，就问他到底是怎么分布的。苻朗有头有尾一一向他道了出来。苻朗越说越玄乎，简直有些让人匪夷所思，有的人坚决不相信他会有这么神乎其神，于是便专门让仆人捉来一只鹅，决定再验证他一回。宰鹅时，他们先将毛色的分布记录下来，待煮熟后请苻朗品论。但是这一回，苻朗仍然一一应对，毫无一点误差，大伙听了，都一致点头信服了。从此，苻朗是“知味相”的名声也便很快传开了。

8. 段硕

段硕，唐代进士，博学多才，素日里喜欢与人打交道，对于饮食烹饪有着特殊的爱好，由于勤学苦练，日深月久，练就了一手高超的烹饪技术和精湛的刀工。

段硕喜欢与人打交道，结识了许多朋友，家里边经常有许多的聚会。每当朋友们来了，段硕一定要设宴热情地款待他们，并且在开席之前当着朋友们的面，切制鱼肉，借此炫耀自己的刀技。

在切制鱼肉的过程中，只见段硕先将捕捞来的活鱼宰杀、洗净，剔去了鱼骨，然后把鱼肉放在一块砧板上，操刀便去切割，只听得刀起刀落，段硕的动作迅速而又敏捷，似乎让人还能够听到他切割鱼肉时的声音有节有律就像与人伴奏一般。再看被他操刀切下的那些鱼片，一片一片随刀飞舞。薄而透明就像是蝉翼一样，接着，段硕再把这些鱼片儿切成丝，一根一根竟如同发丝无疑。人们看着看着，禁不住竟屏声静气，在心里暗暗叫绝。

后来，清代一个叫董思白的，在一首诗中这样赞美段硕的刀工技法："薄薄批来如纸同，轻轻装来无二重。忽然窗下起微风，飘飘吹入九霄中。急忙使人追其踪，已过巫山十二峰。"其间描绘操刀者出神入化的精湛技法，真可谓栩栩如生。

9. 张易之

张易之，武则天的宠臣。此人一表人材，武则天自立为帝后，对他百般宠爱，并赐予他甲第、衣帛、奴婢等。圣历二年，又拜为控鹤监。

张易之凭借武则天宠幸于他，素日里为所欲为，在用食上一向追新求异。

有一年的冬天，天气奇冷无比。府里边买来一只肥硕的大白鹅，准备把它宰杀之后烹制成一道精美的菜肴。张易之因为早已经吃厌了平常厨师制作的鹅肴，便想换一种吃法，绞尽脑汁，终于想出了一个绝妙的好办法。因为当时天气寒冷，他的屋子里放着一个取暖用的火盆。张易之从它上面一下子获得了灵感，禁不住喜出望外，立刻命仆人把那只大白鹅关进一个铁笼子里，而后在这个装有大白鹅的笼子下面摆放一个烧着炭火的大火盆，并且在这个笼子的四周摆放下数盆内盛酱醋等味汁的铜盆。笼下火盆里的火越烧越旺，温度越来越高，大白鹅忍受不住火的烘烤，一刻不停地在铁笼子里跳动着，又热又痛，又饥又渴，没有别的办法，只得喝铜盆里的味汁。

等到把盆里的味汁喝完了，那只大白鹅也慢慢地被烤得羽毛焦枯了，倒在笼中死去。最后，约摸着鹅肉被烤得熟透时，张易之这才让人打开铁笼，取出烤好的白鹅肉品尝，那滋味的确十分鲜美，不同于以往的烹制。

有一天，他的弟弟张昌宗到他这里来，他便向他弟弟详详细细地描述了一番。弟弟听了，饶有兴味，于是兄弟二人又如法炮制了一回。自此，这种独特的烤鹅吃法，就成为张氏兄弟的家常烹饪。

10. 白居易

白居易，字乐天，号香山居士。唐代中叶大诗人，山西太原人，后迁居陕西渭南。历官秘书省校书郎、左拾遗、左赞善大夫、江州司马、杭州刺史、苏州刺史、刑部尚书。一生写下了不少感叹时世、反映人民疾苦的诗篇，对后世颇有影响。

白居易和李白、杜甫一样，喜好饮酒与筵宴，并嗜酒成性。

白居易在67岁时，写了一篇《醉吟先生传》。文中所写的这个醉吟先生，就是指的他自己。他说："有个叫醉吟先生的，不知道姓名、籍贯、官职，只知道他做了30年官，退居到洛城。他的居处有个池塘、竹竿、乔木、台榭、舟桥等。他爱好喝酒、吟诗、弹琴……”由此可以想见白居易其人的性情及生活。

白居易家有池塘，并可以在塘中泛舟。有时邀请朋友到自己府上相聚宴饮的时候，常常就把他们领到宽阔池中的船上面。事先让人把备好的美酒和烤肉等美味佳肴装到百十个油囊里，然后将它们系在绳上沉入水中。白居易和客人们谈笑风生地坐到船上来，徐徐在水中荡漾，可是，客人们这时却看不见一道美味佳肴，心里边不免暗暗疑惑，感到十分蹊跷。也往往就是在这个时候，白居易向船上的各位宾客宣布，船宴现在开始！话音刚落，只见几个婢女用纤纤玉手将沉入水里的油囊慢慢拉出水面，而后打开囊来，一一将佳肴呈献给宾客们。大家见了，无不称奇，引起一片惊呼。接着，大家便开始迫不及待地纷纷品尝起这些来自水中的美味来。吃完一囊，婢女们又把另一囊从水里拉出来，如是往复，直到被宴请的宾客个个酒足饭饱、醉眼朦胧，这才收场。

白居易这种新颖独特的宴请形式，实在让人觉得既有品味，又有趣味。

11. 穆质

穆质，唐朝人。对于烹饪技术有不同于寻常的见解。

小时候，穆质的家法就十分严格，这种严格的家法自然起于他的老父亲穆宁。或许正是由于穆宁严格的家法，他的四个儿子，都对他十分孝敬。穆质即便在做了官以后，仍然和他另外的几个兄弟一样恪守家训，奉养父亲。据传说，在一日三餐的饮食上，穆宁对他四个儿子的要求是十分苛刻的。他不但让他的四个儿子轮流在厨房里为他做饭值班，烹制膳食，而且如若端上桌的饭菜稍稍不顺他的意愿，他就会立马大发脾气，棍棒责打当班的儿子。为此，穆质和他的另外几个兄弟，每天里总是对做饭一事绞尽脑汁，千方百计地选择优质原料进行精心烹调，以便博得老父亲的欢心。但是，即便是这样，四个儿子仍免不了有所疏漏，由此遭受皮肉之苦。所以，四个儿子里轮到值班为父亲做饭时，都是十分紧张和害怕。

这一天，按日常的顺序，轮到穆质下厨为父亲做饭了。穆质战战兢兢来到了厨房，正犯愁为父亲做什么可口的饭菜，免得他再因此发脾气时，猛然发现在一侧的桌子上，放着一块雪白的熊脊肉和一块殷红的鹿肉，立时眼前一亮，禁不住心里暗自高兴起来。接着，他便把这块熊肉和鹿肉切割了，最后烧成一盘肥瘦参半、色香味俱全的菜肴，美其名曰“熊白啖”，在进餐时捧献给父亲，并请父亲品尝。

这“熊白啖”鲜美的颜色立时吸引了穆宁，他凝神端看片刻，终于忍不住拿起筷子从盘里夹了一块放进嘴里咀嚼起来，感到这道佳肴真的是奇美之极，于是，很快就吃光了。穆质和他的几个兄弟站在一旁，看老父亲竟然对这盘美味吃得如此高兴，如此满意，一直提着的一颗心一下子也就放松下来。可是，尽管这样，穆宁进完了餐，擦干净了嘴巴上的油渍，还是将穆质唤出来，不问青红皂白地把他痛打了一顿。一边打着，还一边生气地喊道："你这不孝之子，既然你会烹制这么好吃的美味佳肴，为什么以前你从来没有给我做一回呢?"面对父亲的问话，穆质有口难辩，只是默默地听从父亲对自己进行责罚。

虽然穆宁的家法如此苛刻，几乎达到了不尽情理的地步，但是从另一方面讲，也正是由于这样，穆宁才把自己的四个儿子训练成了技艺超群的烹调能手。

12. 尚食令

尚食令，唐朝人，当时有名的宫廷点心师。

有一天，朝中一个姓冯的给事来到中书省门外，要去拜见宰相夏谯公。可是，正当他一脚门里一脚门外往里走时，于不经意间看到一个老人站在门口，但他并没有和老人搭话，便又转回头往里走去了。

因为和宰相讨论的都是当朝的机要大事，所以过了很长的一段时间，冯给事才从宰相的房子里走出来。他走到大门口的时候，猛然看到自己进门时的那个老人还一动不动地站在那里。这位老人立时引起了冯给事的注意，一时觉得蹊跷，于是便派人去打问这个人来龙去脉。那人见问，一五一十地回答说：“我是新来尚食局做油槌子的点心师尚食令，有一件事想见一见宰相，但是，没有谁愿意给我通报，所以我只有站在这里等下去。”冯给事听了，没有多想，便带着他一同见过宰相。

汇报完要汇报的事情后，尚食令与冯给事一同走出大门，恭恭敬敬地谢道：“要不是遇到您，我是没有办法见到宰相的。”

冯给事笑了笑说：“区区小事，你不要客气。”

尚食令说：“不知给事的府第在什么地方呢?”

冯给事顺口说道：“亲仁坊。”

尚食令说：“为了表示感谢，我想给您献一次薄艺，你看如何啊?”

冯给事听了，立时高兴起来：“好啊，那我明天就在家里恭候你。”

尚食令拱手道：“那我明天一定到府上来。”

冯给事接着又问道：“我需要准备些什么东西呢?”

尚食令说：“你就准备大台盘一只、木楔子三五十枚及油铛、炭火，还有好麻油一二斗，南枣面少许便可。”

冯给事一口答应下来。

说起来，这个冯给事平日里就对饮食颇有研究，所以尚食局的点心师主动要来府上献艺，他表现出了极大的兴趣。回到府中，冯给事照他所说的一一准备齐全后，直等着尚食令前来献艺。

第二天刚吃罢早饭，尚食令就带着献艺的用具来到了冯给事的家里。冯给事热情地招待了他。待一杯茶饮完后，尚食令穿戴上小帽子、青半肩等，而后走进厨里，看了看台盘，若有不平的地方，便用木楔子填进去，直到完全平正为止。

等这一切准备工作完成后，他便开始取油、架铛、调制、揉合面团，之后又取出随身携带的一枚银盒、一把银篦子和一只银笊篱。等到油在火上烧热后，从盒中取出用豆料制成的槌子馅，放到面团里揉成圆球状。当手指间有稀软的面透出来时，便用篦子刮去。待槌子的生坯制成后，放到铛中加热至熟，用笊篱捞出来，倒入新汲的清水里进行冷却。过一会捞起，投入油铛中，滚沸三五次，取出，抛在台盘上。这个时候，槌子因为太圆而会旋转不定，稍冷却后，入口品尝，脆美鲜香，不禁让人叫绝。

冯给事不但亲眼见到了尚食令的的美食才艺展示，而且还品尝到了这世间少有的美味，不由对尚食令大加赞赏。

13. 赵雄武

赵雄武，五代时前蜀人。他曾经在很有名气的州郡做地方官，积累下了不少钱财，成为当时当地屈指可数的大富豪。

富豪赵雄武也是一个特别喜欢饮食并且善于品味的人，特别注重追求饮食的豪奢与新奇。为了能够常常制作出新奇的美味菜肴，在自己的家中特意配置了一个技艺超群的厨师班子。可见其阔气与排场是一般人所不能比的。

有这样一个技艺超群的厨师班子，自然必有绝色菜肴。据说，赵雄武的家厨就有这样的一种烹饪绝活，即制作特大号的饼食。制作这种饼，需要三斗面才能擀制一张，擀制出来的饼，比几间屋子还要大。

有一次，宫里边要举行一场盛大的宴会，赵雄武便命家厨制作这样一张大饼，献给出席宴会的宾客们品尝。大饼做好送上来之后，在座的人都因为第一次见到这么大的饼，一下子都感到万分惊奇，待反应过来之后，就争先恐后地来切割大饼。而待一一品尝了之后，没有一个不觉得它味道香美的。味道好，自然也就放开了肚子，吃了这块儿吃那块儿，最后直吃得众人一个个直腰挺腹，再也吃不下半点为止。可是再看桌上，却还有许多没有吃完的饼块放在那里。由此可见，这张饼到底有多大了。

自从有了这一次宫中宴会之后，无论宫里边举行什么样的宴会活动，无论地方上的豪门贵族举办什么规格的宴席，都要请赵雄武参加，请赵雄武参加宴会，更主要的还是想品尝他家厨师制作的大饼，借此为宴会助兴。

后来，许多人问起赵雄武这样的大饼是怎么做成的，又是如何做成了这样的美味。但是赵雄武只是笑而不答。赵雄武对于如何制作这样的大饼一直对外保密，更不允许厨师登门制饼，由于赵雄武的这种保守，最终致使此饼的制法失传。

14. 卢质

卢质，字子微，五代时后晋人。历事后唐、后晋二朝，先后任秘书郎、翰林学士、兵部尚书等职。

卢质在处理繁杂的政事要事之余，喜欢下厨烹饪，亲自烹制佳美的菜肴。而他烹制的众多菜肴里面，有一道最拿手的齑菜，人们品尝到了，都觉得味道绝美。后来，细心的人把卢质制作这道菜的作法进行了记述，即用五至七种的时令蔬菜，去掉它们的老叶，然后用菜刀切细了，装在瓮里边，根据蔬菜的软硬加入适当的汁液浸泡了进行密封，并时常开封检查一下，直到觉得这个瓮里的蔬菜散发出一种清纯芳香的味道时就可以进食了。但是，这种齑的吃法却是有些特别的，需要搭配上新鲜的蔬菜一起炒食，冬春时节可用熟笋，夏秋时令可用生藕。其炒制方法是，先将雍州生产的酥油加热，再放入淋去水的齑菜和盐，然后放一些切得与齑同样形状的熟笋或生藕，待炒熟后搅拌在备好的味料中。

卢质对自己制作的这种齑菜十分喜爱，常常把它献给亲朋好友。一时间，人们在品尝了这样香美的佳肴赞不绝口之后，便向他询问这种齑菜的制作方法，也好回到家去依法炮制。卢质毫不保留地便将这种方法告诉了他们。不久之后，这款菜肴便成了人们餐桌上十分推崇的美味了。

15. 郭进

郭进，宋代初年博野县人，因征战有功被悬赏为官，但是为官后不久，郭进便遭到别人的陷害，自缢身亡。

就如同许多官宦一样，郭进也是当时的一位美食家。郭进因为对于饮食的挑剔，所以在对家厨的选用上十分小心。五代后周灭亡、建立宋朝后，后周的宫里有许多婢女因无处安身而流落他乡，当郭进得知有许多名善于烹制佳肴的宫女无家可归时，立即让人把她们找到，并雇为府上的家厨。

这些女厨也真是手巧，她们不但会烹制许多的美味佳肴，还能制作出精巧别致十分美观的点心来。

有一天午餐时，一个女厨为郭进制作了一款名为“蕊押班”的面点。先将适量的面加水揉成一团，然后剁肉为馅，再拿出一个巨大的盛器，置上十五道格，并且在每一道格里，精心制作一枝莲花。这十五枝莲花姿态各异，色彩纷呈，十五种颜色辉映成趣。女厨将这些花色点心加热制熟后，把它恭恭敬敬进献给了郭进。郭进一见，心里边暗自吃惊，面对这么多栩栩如生的荷花，竟自欣赏了半天，不忍品尝。女厨察觉到郭进的心思，提醒了一句，郭进这才回过神来，略微取下一点，细细品尝，顿时觉得这味道如此美妙，是他此前从来没有品味过的，于是问道："这样精美、绝妙的点心，叫什么名字?"女厨回答道："人们都叫它莲花馅饼，宫里的人都叫它'蕊押班'。"

郭进听了，一边继续品尝着，一边连声说好。

16. 梵正尼姑

梵正，宋代的一位尼姑，因喜欢食品雕刻而远近闻名。

梵正素日里刻苦学佛家经典，除此之外，利用一切可以利用的时间研究饮食烹饪，尤其钟情雕刻食品，能以各种食物菜蔬为原料，雕刻制作成各种各样的景物类食雕。

有一天，梵正偶然发现所在的寺院里收藏了王维《辋川图》的仿制品。据说，王维当年在蓝田辋口得到宋之问的蓝田别墅，便把它进行了一番精心改造，最后建成了二十处著名的风景点：孟城坳、华子冈、文杏馆、斤竹岭、鹿柴、木兰柴、茱萸沜、宫槐陌、临湖亭、南垞、欹湖、柳浪、栾家濑、金屑泉、白石滩、北垞竹里馆、辛夷坞、漆园、椒园等。景点建成后，王维和他的好朋友裴迪整天在一起吟诗对饮，遂作成诗集《辋川集》，王维十分喜欢这个风景点，于是便一笔一笔地描画成了《辋川图》。

梵正见到了这张图的仿制品，一下子也被图中美妙的景致吸引住了，心里边猛然便产生了一种愿望，想把这辋川景观以食雕的形式展现出来。于是，便想方设法取来各种食物的原料，而后照着图画进行雕刻，先将图中大致的形状雕刻拼盘，再对细微之处认真修饰和点缀，不久，一座缩小了的辋川别墅，活灵活现地展现在面前。

这件事情很快便传开，很多人只是听说过辋川美妙的风景，却从未见过其真实的景观，都想一饱眼福和口福，邀请梵正制作辋川小样的人一时间络绎不绝。只要有空闲，梵正并不多加推辞，每每有求必应。梵正制作的辋川食雕，作为宴席上的一道佳美的菜肴，深受人们的喜爱。每桌可坐二十人，且每人一景，既可观赏又可食用，真正是妙到了极处。

17. 张弥

张弥，宋朝大将，对于北方地区的一些饮食很有研究。

他在镇守镇江时，有一天，在家中设宴请客，让家人端出了一款“酥夹生”。这是一种带有酥油的具有北方风味特色的食品，它的中间夹有未化的生酥油，看上去色泽金黄，放进嘴里，即刻就会融化开来，满口溢香。在座的一些客人都是生长在南方的，从来没见过这样的食品，感到十分惊奇。座中有一个叫许霈的，是广西苍梧人，多年以来一直在南方做官，所以对北方的饮食一点儿也不熟悉。当他面对这金黄油亮的小食品的时候，更感到异常的惊奇，小心地取来品尝，顿时感到嘴里边一阵清爽，但是，还没等细细品味，口中的食物随即又化掉了。许霈越品尝越觉得新奇，越品尝越觉得美妙，忍不住自己的嘴巴，一口气把面前的“酥夹生”都吃光了。

过了一段时间，张弥又一次邀请他的朋友到家里聚会。各种菜肴上来之后，宴会也就开始了。可是，面对餐桌上那么多丰盛的美味，许霈却并没有太多的热情，似乎怀揣着一桩心事一样。一旁的张弥见了，问他原因。许霈忍不住问道：“上回我吃过的那道入口凉爽、一吃即化的怎么还不上来呢?”张弥听了，一时没有搞明白他说这话的意思，又问过了一遍，才恍然大悟，原来许霈所指的是“酥夹生”。张弥哈哈笑了起来，便和他开玩笑道：“你吃过的那道食品叫龙髓膏，是从金牛国进贡来的，听说它是用寒消粉制成的，今天你怎么能够再得到它呢?”许霈听了张弥的话，一时感到十分失望，可是座席上那些知道这件事情的人，都忍不住捧腹大笑起来。

18. 章鉴

章鉴，字雪斋，宋朝人。

章鉴一生很喜欢结交朋友，在他任德泽地方官的时候，也一样，从来不摆一点儿架子。因为喜欢结交朋友，所以经常设宴招待宾客。但是，招待所用的食物原料，一般都用不着去集市上购买，因为有自家种的菜园，随手便可拈来。

有一天，章鉴的朋友林洪来到他的府上。正巧这一天章鉴的家里没有别的客人，所以显得十分清静。没有什么事情可做，林洪便与章鉴海阔天空地闲聊起来。可是，一时兴致，两个人竟然就聊到了黄昏时分。林洪意识到这一点，忙要起身回府，可是，章鉴却十分热情地把他挽留下来，说好了两个人畅饮一番，同时让家里人做些“玉井饭”来。林洪听得“玉井饭”三个字，却是以前从来没有听到过的，一时觉得奇怪，便问章鉴：“你所说的这种玉井饭是一个什么来历，又如何做法呢?”章鉴笑了笑说：“先把嫩白藕削成块儿，再采些新鲜的莲子，去掉皮和莲子心，等锅里边煮的饭稍沸以后，把藕块和莲子放进去，然后按照煮干饭的常法焖熟就行了。”

林洪又追问道：“那它的名字是怎么取来的呢?”

章鉴笑呵呵地回答道：“至于它的名字，则是从‘太华峰头玉井莲，花开十丈藕如船’的诗句中取来的。你觉得如何？”

林洪听了，不由击掌连声说好。

正这样你一句我一句地说着，家里的厨师已经把做好的玉井饭端了上来。林洪拿起筷子品尝罢了，不禁连连点头说道：“这饭的名字美，味道更加香美啊！”于是便大口大口地吃起来。

19. 宋代厨娘

据有关资料介绍，宋代的厨娘非常多。这些厨娘都是以烹饪谋生并为业的女子，服务于各类人家，她们一个个都具有十分娴熟的烹饪技艺，也具有一定的文化修养，能够快捷优质地为主人制作餐桌上的美味。但是，或许正是由于她们的烹饪水准很高，技艺过人，往往索得的报酬十分丰厚，非一般人家所能接受。

因为厨娘有很高的经济收入，所以当时京城的一些中小户人家，都很重视对女孩儿的培养，在她们自小所接受的教育中，总是少不了厨艺这门知识。一旦谁家的女孩儿成为厨娘，会得到许多人的羡慕。

说到厨娘，这里有一个小故事。说的是当时有一个地方官员，为了显示自家的富有，因此要办一回排场的宴席，打听到京城里的厨娘能够把这件事情办得完满，于是就托人在京城物色一位。厨娘年轻美貌，做事也干净利索。被请到家里之后，这厨娘先是拿出一份菜单，请主人照着菜单上的菜名点菜。主人浏览一遍菜单，于是便高高兴兴地点下了“羊头签”、“葱荠”等当时的名菜。厨娘看了，接着就拿起笔来，在一张纸上写出制作这些菜肴所需要的原料，如：羊头签五份，各用羊头十个；葱荠五碟，各用葱五斤。其他菜肴所用原料的用量也一一写清，交给主人。主人看了，暗暗吃一惊，心里头感到这位厨娘开出的原料实在是太多了，但是出于自己的面子，又不便于多问，接着便依照厨娘写下的原料清单，让家里的厨役到集市上采购，同时，又吩咐家人在厨娘做菜的时候，秘密监视她是怎样使用这些原料的。

直到第二天，厨役才把原料购买齐全。厨娘看了看，觉得不再缺少什么，于是便打开了自己随身带来的一只箱子，从里边取出锅、铫、盂、勺、汤盆等炊事用具，一一让婢女先擦拭干净。这些用具因为都是白金制成的，所以在擦拭之后，更加光亮。接着，厨娘又取出刀砧杂器，个个都是精致异常。一边的人见了，禁不住连连赞叹。

一一准备完毕之后，厨娘这才穿上厨房专用的围袄、围裙等，净水之后，立刻操弄起来。随着刀起刀落，那些做菜所用的原料纷纷散落开来，丝如发缕，片似纸薄。做罢这些，厨娘又将买来的羊头洗净了，放置在几案上，只取了羊头上的脸肉，其余的都丢弃在地上。末了，又将洗干净的葱放在滚沸的水里微汆，取出后剥掉了它的须叶，看碟子的大小分成若干节段，再将葱白剥去几层，只留下微黄的葱心放在碟子里，而后用淡酒、香醋等略略浸渍。

厨娘动作娴熟，过不多久，各种美味的菜肴便被端上了宴席，食客们一下子看到摆上餐桌的这么多色香味俱佳的菜肴，禁不住连连生叹并且在品味之后赞不绝口。只是转眼的工夫，宴席上所有的菜肴都被客人们吃了个精光。主人见了，也十分高兴，在心里暗暗决定宴席结束之后，一定要多给厨娘一些报酬。

宴罢，当厨娘按照正常的标准，说出主人应该付她的酬劳时，这个地方官员不禁倒抽了一口冷气，酬劳大大超乎他的想象，不禁私下里感叹道：“像我这样的人，这样的宴席是不能够经常举行的，像这样的厨娘更不应该常用啊！”

20. 南京文人集团

在宋代，建康（今南京）城聚集了很多的文人士大夫。这些人有的曾经做过官，享受着丰厚的俸禄，有的人则靠自己富有的家财，过着十分舒适的日子。日子过得好了，自然就对饮食的需要越来越挑剔起来，所以就有很多人，把相当多的时间和精力都用在烹饪的研究上，每家每户都能烹制出各具特色的佳肴美食。而在这众多的美食里，有七种是让人称绝的。

关于这七种美食的名称与特点，据有关资料说：“齑可照面，馄饨汤可注砚，饼可映字，饭可打擦擦台，湿面可穿结带，醋可作劝盏，寒具嚼者惊动十里人。”即：将腌好的酸菜切碎再捣烂之后制成的齑，平整光亮得就像一面光可照人的镜子；把馄饨煮好之后，它的汤清澈得能够看到锅底，就如同清水一样，完全可以取到砚台里磨墨；面饼做得就像薄纸一样，透过它，可以清楚得看见下面写的字；煮制的饭也恰到好处，可以打擦擦台；调和好的湿面，柔韧软滑就像裙带一样，可以穿带打结；酿造的食醋醇和香美，可以和酒一样喝下去；馓子又香又脆，那声音如果嚼动起来，十里之内的人都能够听得到。但是，遗憾的是，这七种美妙食品的烹制技术，保留到现在的已经无几，有一部分已经失传了。

21. 苏东坡

苏东坡是宋代著名的文学家和美食家。他一生追求美味。

苏东坡被贬谪到黄州（今湖北黄冈）后，发现当地的猪肉价格非常便宜，却很少有人去买，于是便常常买回，饶有兴趣地亲自下厨烹饪，以此大饱口腹。这样好的美味，黄州人为什么不买回家中好好享用呢？苏东坡大惑不解，便想弄个究竟。后来，通过调查才知道，主要的原因是当地人对猪肉的烹调不得要领，做出的猪肉味道不好。为了让更多的当地人把猪肉当成餐桌上一道妙不可言的美味，苏东坡认真总结自己以往烧猪肉的经验，撰写了《猪肉颂》一文，从中阐述了烧猪肉的技法和关键："净洗铛，少着水，柴头罨烟烟不起。待他自熟莫催他，火候足时他自美。黄州好猪肉，价贱如粪土。贵人不肯吃，贫人不解煮。早晨起来打两碗，饱得自家君莫管。"

当地人得知了这些，便把这些繁杂的字句简练成一句话："慢着火，少着水，火候足时他自美"。人们为了记住苏东坡，便把这道佳肴叫做"东坡肉"。

关于东坡肉的来历还有很多的传说。

22. 张镃

张镃，字功甫，号约斋，宋代文学家。曾官奉议郎、直秘阁。

张镃在饮食上也喜欢追求烹饪的乐趣，但是他的追求却不同于常人，每一次宴客，总要想尽千方百计，力求办出自己的特色。

这一年牡丹花开的季节，张镃算好了日子，邀请许多好朋友到他家里来赴宴。等各位宾客们到齐之后，张镃抬头看到刚刚走进厅里来的一个仆人，便招手问道：“香发出来了没有?”仆人答道：“发出来了。”众人一时感到莫名其妙，正要发问，张镃却让那位仆人打开所有的门窗，霎时间，一阵奇异的香气飘然而来，在整个客厅里弥漫开来，众多的宾客们呼吸着这种香气，立时有了一种如痴如醉的感受。

片刻过后，一群美貌的女子，端着佳肴美味，捧着管弦乐器，风一般飘然走进厅里，紧接着，一群专事舞蹈的“牡丹仙子”在舞池中翩翩起舞起来。而侍立左右的名姬们，一个个身穿纯白牡丹绣花衣裙，一边与舞蹈者唱和，一边为宾客们斟酒。直到曲子结束，跳舞的人也停了下来，名姬们这才退到内室里去，把门窗竹帘重新垂放下来。之后，宾主们一边品尝着宴席上的美味莱肴，一边有说有笑地谈天说地。

客人们谁也没有想到，又过一会儿，帘子再一次被重新翻卷起来，一阵幽香再次飘然入室，那一些“牡丹仙子”已经更换了身上的衣着，袅袅婷婷地走进厅来，只要是头上簪白花的，身上穿的都是紫色的衣裙，头上插紫花的，身上则穿鹅黄色的衣裙，头上戴黄花的，身上则穿红色的衣服，其服饰颜色的搭配鲜艳夺目，相互辉映。她们款款走上前来轮流陪饮十杯美酒，每个客人都觉得眼前艳丽的女子，身上的衣裙和头上的簪花也改换了十次一样，从她们的口中唱出来的歌儿都是前人所作的牡丹名词，为宴会增添了无尽的情调和乐趣。

直到酒宴结束，客人们各自回府。这时间，所有在宴席上唱歌的、奏乐的计有百十个人，都一一将客人送出门来。一片欢声笑语中，宾客们都感觉到如置身在仙界一般。

23. 姜特立

姜特立，南宋诗人。字邦杰，号南山老人，丽水人。姜特立吟诗赋词众多，与陆游、杨万里、范成大等多有唱和。有《梅山集》，已佚，传世有《梅山续稿》。

除吟诗赋词外，姜特立平日里也十分喜欢饮食烹饪，每逢朋友来拜访他时，他常常热情地亲自下厨烹饪美味进行款待。

一个大雪飘飞、无比寒冷的早晨，姜特立的一个老朋友前来拜访他。姜特立把这个老朋友迎进屋来之后，忽然发现他身上穿的衣服十分单薄，因为天气寒冷，使得他站在那里不停地发颤。姜特立忙请他坐在炉边，一边让他烤火取暖，一边又忙着走进厨房，想赶快为他做些早餐。可是，要做好一餐早饭，得需要一定的时间，姜特立转念一想，决定用现有的原料快速制作出一款点心来，好让老朋友驱寒。于是，便别出心裁将米酒倒进锅里进行加热，然后将鸡蛋磕入碗里，打匀后再慢慢倒进沸开的米酒里急速搅拌，蛋液一旦遇热，很快就形成了缕缕“金丝”，眨眼的工夫，一碗热气腾腾的金丝汤就做好了。

姜特立把那碗金丝汤端给老朋友。好友看到在这么短的时间里就做出了一款驱寒的点心，心里边又是惊奇又是高兴。待趁热品尝过后，禁不住连声道："这味道真是好极了。真不知天下竟有这样好的美味，也还不知为兄会有这样好的烹饪手艺。这点心叫什么名字?"姜特立见老朋友发问，略思片刻答道："它叫金丝酒。"接着，这位老朋友又饶有兴致地向姜特立详细询问它的制作方法，打算回去之后也要如法炮制，届时也好款待好友。姜特立心里非常高兴，一一向他说明，遂作《客至》道："冻云垂地寒峥嵘，故人访我邀晨烹。旋烧姜子金丝酒，却比苏公玉糁羹。"诗罢，自我解释道："以鸡子和酒烧之，谓金丝酒。"

24. 顾四

顾四，江南人，明代食雕大师，身怀食雕绝技，经他之手雕刻出来的食品，形象逼真，往往能达到出神入化的效果。

据史料记载，有一次，顾四无意间得到一枚核桃，这枚核桃直径大约在6厘米左右。顾四反复把玩几次，遂即对它产生了浓厚的兴趣，忽然间来了灵感，便着手对它雕刻起来。依照这枚核桃的自然形状，顾四先是把它雕刻出一条船的形状，接着又雕刻出船上的篷、樯、舵、橹、纤索等。然后在船上雕刻了三个人，两个人在船头上，一个人头上戴着冠巾，衣衫敞开着，盘腿坐在那里，正神态自若地举杯饮酒，另一个则把头上戴着的帽子摘下来，敞开衣服袒露着肚腹，正斜卧在那里吹笛子，第三人则头戴着一顶斗笠，蹲在船尾的地方，正为客人围炉烫酒。把这些刻完了，顾四认真地想了想，又在这条船的中央部分刻出了船舱，舱里的壶觞、竹案、左右窗户等都清清楚楚，在窗楣的两边，顾四还为它雕刻上了一幅绝妙的对联，联曰：“好风能自至，明月不须期。”

顾四把这食雕在大体上刻画完成后，又再次对它进行了十分精细的处理，把每一个人物的眉毛、头发和眼睛等，都刻画得细致入微，清清楚楚。直到自我感觉满意为止。

顾四把这个食雕拿给他的几个朋友品评，朋友们见了，无不连连惊叹它的绝妙。

25. 无名屠夫

有关史料介绍，明朝年间，山东境内的东岳泰山脚下，常常聚集着一群身有精湛技艺的人，这里边，也不乏对饮食有所偏爱和研究的人。天气好的时候，这些人常常就地成台，展示自己的绝活儿，使得来到泰山游玩或者进香的男女老少，均能够一睹为快，并击掌叫绝，引发出一阵又一阵惊叹。

春天的一日上午，由于天气很好，前来登山游玩的客人络绎不绝。这正是那些身怀绝技的人们展示自己的最佳时机。

人们走着走着，忽然发现一棵百年老松下，里三层外三层围了很多的人在看热闹。凑近了才知，此时此刻，里面一片阔地上，正有一个人一手按着一块猪肉，一手操着菜刀，在一个两手着地、腰背弯曲如砧的人背上切割猪肉。其操刀切割的动作熟练而快捷，只是在瞬息之间，那人切出的肉丝竟然细如丝缕，更为惊叹的是，它们丝丝之间均匀无比，互相之间没有一点儿粘连。不大一阵的工夫，人们再看，那人已经把四斤猪肉切割完了，接着，把切割成的肉丝盛在盘子里，而后又抓起一块布来，擦干净了以背作砧者背上的油腻，再看，作砧者的背上没有呈现一丝一毫的刀划之痕。在场的人无不鼓掌叫绝。

26. 傅山

傅山，明末清初阳曲（今山西太原市北）人，初名鼎臣，后改名为山，字青主、仁仲，别号甚多，如米衣道人、真山、浊翁、石道人等等。

据说，傅山幼年时具有非同一般的才能，读书识字能够过目成诵。明朝灭亡后，他 直坚持气节，身着一袭红衣，住在洞里，赡养自己年迈的母亲。康熙时，傅山被朝廷强征到京城，并赐他官做，但是，遭到他的拒绝。不久之后，傅山又回到老家，从此以行医为生，但却念念不忘“反清复明”。

傅山从医治病，尤其喜欢钻研食物的药用价值，从而达到以食物进行防病、疗病、除病、养生的目的。

当时，傅山的母亲由于年老体弱，经常卧病在床，他就想方设法自配药膳“八珍汤”为母亲治病。以羊肉、山药、莲菜、面等为原料，先将肥羊肉切成均匀的方块，入锅后用大火烧开后，加入花椒、黄芪等，然后改用小火煮熟后捞出备用。之后，将酒糟汁倒进锅内煮沸，然后加入料酒、煨面，煮成糊糊汤状，再把煮熟的羊肉块、熟山药片、莲菜片放入碗里，添加上羊尾油丁，浇上糊糊汤制成，取名为“八珍汤”。

傅山的母亲自从食用了儿子为她配制的“八珍汤”后，果见奇效，病情很快就好转了，不久之后又康复痊愈了。这消息不胫而走，“八珍汤”也随之传播开去，许多人得知后，纷纷找上门来向傅山索求食方。为了能够让更多的人受益，造福于人间，傅山便一五一十把这个药膳配方传给了一家小吃摊，却改头换面把“八珍汤”的药膳名儿改叫“头脑”，意思是只要吃这药膳的人，都要有反清的头脑。一时间，叫做“头脑”的这款药膳，在当地流传开来。并且一直流传到今天。

27. 董小宛

董小宛，名白，字小宛，一字青莲。明末人。是当时南京的秦淮名妓，后来嫁给了如皋县的才子冒襄。两个人婚后恩恩爱爱，生活富裕而有滋味。

董小宛自小聪慧，生得俊美，有一套饮食烹饪的高超本领，针对生活中存在的问题，善于总结自己的经验，提出自己的独到见解，如：“火肉久者无油，有松柏之味；风鱼久者如火肉，有麂鹿之味。醉蛤如桃花，醉鲟骨如白玉。油蝟如鲟鱼，虾松如龙须。烘兔酥雉如饼饵，可以笼食。菌脯如鸡纵，腐汤如牛乳”等。

为了学得一手烹饪的绝技，她常常外出进行考察，对一些食谱进行研究，并四处向名厨讨教，最后根据自己的见解，取长补短综合运用，求新求异，构造自己的菜肴特色。

董小宛对于各式各样的桃膏、瓜膏、腌菜、豆豉等食品情有独钟。她所制作的桃膏、瓜膏，常“取五月桃汁、西瓜汁，将瓤一丝丝漉尽，以文火煎至七八分，始搅糖细炼。桃膏如大红琥珀，瓜膏可比金丝内糖”。在制作时，恰到好处地掌握火候，她认为火候无比重要，须一刻不停地坐在炉边，不使它焦枯。她所制作的腌菜也风味独特，“能使黄者如蜡，碧者如苔。蒲藕笋蕨，鲜花野菜，枸蒿蓉菊之类，无不采入食品，芳旨盈席。”而所制作的豆豉，则是将“豆黄九晒九洗为度，颗瓣皆剥衣膜。种种细料，瓜、杏、姜、桂以及酿豉之汁，极清洁以和之。豉熟擎出，粒粒可数，而香气、酣色、殊味迥与常别”。

除以上种种之外，董小宛还对自制饮料颇有研究，“酿饴为露，和以盐梅。凡有色香花蕊，皆于初放时采渍之，经年香味颜色不变，红鲜如摘。而花汁融液，露香入口喷鼻，奇香异艳，非复恒有”。照此制作出来的饮料，尚有解酒消渴的作用。

董小宛与冒襄在一起恩恩爱爱生活了九年，遇到清兵南下，不幸病死在战乱中。恰是英年早逝，知其消息者深感惋惜。在扬州，人们为了纪念她，便依照她的遗意，将一款经她精心制作的糖命名为“董糖”。照此看来，董小宛真不愧是一位烹饪上的多面手。

28. 李大垣

清初时，山西有位姓李名大垣的人，又名台征，是位儒生，却不爱学习儒家经典，虽然他也写诗，但却以写烹调工具“半刀诗”为佳。后来，因喜欢烹调并行厨，而以自称“帽花厨子”为荣。

李大垣常常自制佳美的馔肴一享口福。很多时候，他的好朋友常常邀请他一起参加酒宴聚会，但是，每每聚会时，他总是习惯把自己下厨做菜的用具一起带上。一进主人家，就朝厨房而去，而后戴上一顶小团帽，系上围裙，取出厨具，既亲自下手切割，又指挥其他的厨师们烹调。如此这般，用不了多大会儿，一桌色香味俱全的丰盛宴席就摆上了几案。

帽花厨子李大垣对于烹调技术有很深的研究。在烹调实践上常常会生出种种奇思妙想，如烧羊肉，别人用酱他却不用，而改用芍药，这样一来的效果，腥臊之气全无，竟然使得吃他所烹制烧羊肉的人最后也不知道这就是羊肉做的。为了收放方便，他还自己研制了一种可以自由伸缩的厨刀。那种厨刀一经制成，心中不禁大喜，于是便邀请一些朋友为他举行一次衅刀仪式，即把牲畜的血涂抹在那把刀上，待祭祀之后方可使用。庄重的仪式结束之后，李大垣竟饶有兴致地写下了一首《鲜刀》诗。

李大垣一向对自己高超的烹调技术感到自豪，却也知道自己写就的诗文有些牵强，所以，写成之后，常常拿去请人修正，并会将自己精心制作的美酒佳肴送去，以示酬谢。

有关于帽花厨子李大垣的烹调技艺，曾经被世人传来传去，传至现在已经明显地带上了许多神秘的色彩。

29. 程立万

乾隆二十三年，大诗人袁枚因事来到扬州。有一天，办完事情后，想到了友人程立万，便决定到他家去拜访。程立万家善于制作豆腐菜肴，所制作的煎豆腐更为精绝，在当地无人匹敌。程立万见老朋友袁枚前来，满心欢喜，知道他喜好饮食而且精于品味，于是特意吩咐家厨制作几样拿手的菜肴，请老朋友享用。

两人正聊得高兴，不大工夫过后，一桌丰盛的佳肴便被端了上来。又过了一会儿，一款豆腐菜肴也被人端上了桌，程立万指着端上来的豆腐菜肴，对袁枚笑着说道："这是我家新近制作的煎豆腐，请袁大人品尝一下吧！"袁枚听了，细细朝那盘豆腐看去，见豆腐的两面都被煎得黄干了，没有了一丝一毫的卤汁，盘里边除了那些被煎黄的豆腐，见不到任何杂物，遂挟起一块，放进嘴里，略略品味一下，立时觉得这豆腐里竟然带有些微车螯的鲜美，禁不住连声称赞妙极。

到了第二天，袁枚与他的另一个朋友查宣门聊天，说起程立万家的煎豆腐，一边回味着，一边还不由赞叹了几句，并向查宣门描述了一番它的独特风味。查宣门听了，竟哈哈大笑起来，一边笑着，一边还不服气地对袁枚说道："这样的煎豆腐谁不会做呢？叫我做的话，我比他做得还好。这样吧，过几天，我请你到我家里去品尝一下。"

果然，几日过去，查宣门特邀袁枚到他的家里做客。袁枚欣然答应了。当查宣门让人把一盘煎豆腐端上桌来以后，袁枚认真看了看，桌上那盘豆腐的两面色泽亦黄干了，而且并无丝毫的卤汁与杂物，形状与色泽竟与程立万家的没有两样，遂也用筷子挟起一块放进嘴里，可是，没有想到，袁枚只品尝了一口，就禁不住大笑起来。查宣门一时不解袁枚为何发笑，便问道："你笑什么？难道不好吗？"袁枚一边笑着，一边回答道："你这哪里是用豆腐做的呢？不过是用鸡雀脑冒充的罢了。吃来虽然也觉得鲜嫩，但是却肥腻难耐。你这款菜肴的费用怕不止是程立万的十倍，可是味道却差得很远啊！"

袁枚从查宣门家回到自己的住处，想着两家各自烹饪的豆腐，越来越觉得程家的煎豆腐精妙绝伦，忍不住便要前往程家求得此方，可是，正当他拔脚出门时，不料想，正巧有家人前来禀告说他的妹妹去世了，袁枚只好踅身回来，收拾好行囊赶回家去。就这样一年过去后，到了第二年，程立万也因病去世了，袁枚得到这个消息，内心十分悲痛，一直后悔自己当初没有向他求得煎制豆腐的食方。尽管这样，后来，袁枚在写《随园食单》时，仍把“程立万豆腐”记录进去。

30. 李渔

李渔，字笠鸿、谪凡，号笠翁，浙江兰溪人，是清代的戏曲理论家、作家。他不但对戏曲理论颇有研究，而且对饮食烹饪也深有造诣。在对烹食的认识上，推崇自然真味，重蔬食，忌油腻：“吾为饮食之道，脍不如肉，肉不如蔬，亦以渐近自然也。”

他把自己的一套饮食理论，巧妙地运用到日常生活中，从而制作出一款又一款非同于寻常的美味佳肴。

有一天，李渔宴请他的好朋友到他家里做客，特意让人采来陆地上的蕈和水中的莼，制成羹汤，并加以蟹黄和鲜鱼肚肉，一起烧制成新颖别致的“四美羹”。被邀请来做客的朋友们品尝之后，由衷赞赏道：“今天吃了这四美羹，从今以后，没有可以下筷子的地方了！”其中的含义不言自明。

还有一天，李渔在家里置办了一桌宴席，让家里的女厨预先准备了一盏花露，当米饭刚被煮熟的时候，便把花露倒进米饭里，然后加盖稍焖，稍时拌匀，便可盛到碗里端上桌来了。被宴请的那些宾客们，从来没有尝到过这样芳香四溢的米饭，一时间感到非常惊奇，便向李渔询问这香米的来处，又是怎样煮制出来的。李渔见问，却并没直率回答。事后许久，李渔书写《闲情偶寄》之《饮馔部》时，忽然想到了这些，遂记录在书里，并透露了这种香米饭的做法：“食者归功于谷米，以为异种而讯之，不知其为寻常五谷也……行此法者，不必满釜浇遍，遍则费露甚多，而此法不行于世矣。止以一盏浇一隅，足供佳客所需而止。露以蔷薇、香橼、桂花三种为上，勿用玫瑰。以玫瑰之香，食者易辨，知非谷性所有；蔷薇、香橼、桂花三种，与谷性之香者相若，使人难辨，故用之。”

除此之外，李渔还有许多新奇独特的制馔方法，大多记录在《饮馔部》里。

31. 丁宝桢

丁宝桢，字稚璜，贵州平远人，清咸丰三年进士。曾任山东巡抚、四川总督，加封太子少保。

丁宝桢任四川总督时，为了工作，常常废寝忘食。传说有那么一天，他因为工作繁忙，一直工作到深夜时分，才算告一段落。丁宝桢从案几前站起身，正要结束工作休息时，突然感到腹中饥饿，着急想吃些夜宵，于是便让家厨给他快快做些聊饥的食物端来。丁宝桢的家厨是他的家乡人，多年来一直服侍于丁宝桢，所以对他的用食口味非常了解，很快便进厨烹制了一款油炸糊辣子炒鸡丁，端上来请丁宝桢品尝，丁宝桢略略品味了一下，觉得非常好吃，从此以后，每当用餐时，只要想起这道美味的油炸糊辣子炒鸡丁，便要让家厨为他烹制一盘。

有一次，丁宝桢邀请一些朋友来到家中，家厨制作了许多佳美的菜肴，其中就有油炸糊辣子炒鸡丁。由于当时宴请的宾客大多都是喜欢吃辣的本地人，当品味了这一款菜肴后，都禁不住异口同声称赞它的味道美。因为宾客们的偏爱，这款菜肴端上来不大一会儿，就被吃了个一干二净。接着，众宾客又纷纷询问这款佳肴的制作方法，也好回家后依法烹制。丁宝桢见了，心里边十分高兴，便让家厨细说端详。很快，这款菜肴便家喻户晓，成了当地最受欢迎的一种家常菜。因它出自宫保丁宝桢的府中，所以人们便管它叫“宫保鸡丁”了。

关于丁宝桢与宫保鸡丁的故事，民间还流传着多种说法。

32. 张大千

张大千，四川内江人，近现代著名的书画家。他的画作取材极为广泛，山水、人物、禽鸟、花卉等无不入画，风格清丽雅逸，浑然一体。

张大千的前半生主要生活在国内，期间走遍大江南北，游遍名山大川，他的后半生则在南北美洲、欧亚大陆留下了深深的足迹。

许多人都知道张大千是一个大画家，但是，却并不知他对烹饪美食尚有极深的研究，是一个名副其实的美食家和烹饪家。

张大千饱尝中西菜肴的美味，对于中国的烹饪，不仅从理论上进行研究，并提出自己的见解，还能够创制出新的菜肴，深受人们的喜欢。不仅如此，他更是一个把画艺与烹艺巧妙地结合在一起的人，这是其他人所不能做到的。他善于把绘画的种种技艺移用到烹饪上来，以家禽、海鲜、土产和时令小菜等为原料，按照它们的天然色彩，拼切镶嵌，从而制作出种种造型美观、形象生动的佳肴食品。

张大千在敦煌临摹壁画时，品尝过大西北的手抓羊肉，深深感到当地人民的粗犷豪放，即便是当地的美食，也别有一番风味。后来，他仿照此意，创制了一款美味“手抓鸡”。到美国后，他又一改“红烧狮子头”的传统作法，摒弃油炸的过程，既保持了它的自然色泽，又使得做出的美食更加鲜嫩、适口。

张大千研制的佳肴尚有许多，如粤菜鱼翅、豫菜烤鸡蛋、京菜烤鸭等。他曾十分自豪地说：“以艺术而论，我善于烹饪，更在画艺之上。”

五、烹饪圈里的那些狂人

1. 孔子：食不厌精，脍不厌细

孔子，名丘，字仲尼，春秋时鲁国陬邑（今山东曲阜）人。曾经在鲁国任中都宰、司寇。后来周游列国，四处宣传自己的学说。

孔子是先秦时期著名的思想家、教育家、哲学家。不但拥有自己的思想体系，而且对饮食也有一定的研究，并形成自己独特的见解。在饮食上，他一贯强调“食不厌精，脍不厌细”的主张，做饭时，强调一定要将谷米择拣得精细，对于牛、羊、鱼等腥味很重的原料，尽量切割得薄而细小。提出“八不食”，即“食饐而餲，鱼馁而肉败，不食。色恶，不食。臭恶，不食。失饪，不食。不时，不食。割不正，不食。不得其酱，不食。沽酒、市脯，不食。”孔子所提出来的八不食原则，无论从现代人的饮食卫生和人体健康还是从烹饪技术上看，大多主张是正确的。如果米饭或者鱼肉等食物发馊变臭了，都是不能再吃的。在做饭菜的时候，烹饪的火候不适当，或生了或糊焦了，也不应该食用。不是吃它的时候，就不应该吃它。在切割菜蔬及肉类的时候，如果不符合饮食的礼仪或要求，也不应该吃。什么肉配什么调味品，都有一定的要求，而如果配合得不合适，也不能够吃它。即便是从市场上买来的酒和肉脯等，因为它不一定清洁卫生，所以也不能吃。现在看来，孔子对饮食的食用要求，未免是有些苛刻的。但是，也不无它的道理，应该辩证客观地去看待它。

除此之外，孔子还有一些相对精细的饮食主张，如祭祀所用的肉，超过了三天，就不要吃它了；吃饭时，所食用的肉菜，不应该超过主食的量；饮酒要适度，不能过量，免得酒醉神志不清；“食不语，寝不言”，“席不正不坐”，吃要有吃相，坐要有坐相，一切都必须合乎礼仪。

孔子的饮食思想和主张，使得它在饮食烹饪上自成一体，从而形成了制作精美、营养合理、风味独特的“孔府菜”。

2. 司马睿：独吞全国血脖

晋元帝，即司马睿，字景文，袭封琅琊王。初为安东将军，镇建康（今江苏南京）。匈奴人攻陷西晋京师，愍帝死后，司马睿被王导等人拥立为帝，被历史上称之为东晋。

东晋一开始建立的时候，经济上十分落后，物质上也十分匮乏。一穷二白，一些常用的东西也便显得十分珍贵起来。那时，整个京都建康可以供人享用的食物也是少之又少，在这种情况下，餐桌上的美味和肉香，就连当时的一些达官贵人们也难以吃到，人们都把猪肉看成最为珍贵的东西，更是求之不得。所以，无论谁家，每得到一头猪，他们便会欣喜万分，当把它宰杀之后，就会立即割下猪脖子上的一块肉，送给晋元帝。人们认为，只有猪脖子上的那块肉，才是最为肥美的，是整头猪上的精华部分，这样好的东西，当然只有晋元帝才配品尝享用，即便朝廷里的群臣百官，也都不敢私自享用它。由此，那块猪脖子上的肉，被当时的人们统称为“禁脔”。即为除晋元帝外，一切人等都不得染指的珍贵物品，或者说它直接代表了最为珍美的食物。

宋代的大诗人苏轼，在他所作的《老饕赋》中，列举诸多美食时，曾经有过这样的句子：“尝项上之一脔，嚼霜前之两螯。”

3. 王羲之：品得美味天下闻

王羲之，东晋书法家。琅琊临沂（今属山东）人。曾以右将军的身份当过会稽（就是如今的浙江）内史，人称王右军。他篆、隶、草、行、楷各种书体，都写得很好，在我国书法史上有“书圣”之称。

有关于王羲之与美食的故事，世间流传很多。有人甚至说，王羲之是一位名副其实的美食家，即便他的功名与成就也与他所爱好美食有很大的关系。

晋朝有位名人，是后来做了尚书仆射的周顗。据说王羲之十几岁的时候，有一天到周顗家拜访，碰巧遇到周顗在家中宴客，王羲之年纪小，所以只能坐在下座位置。当时，晋朝有一样名贵食品，叫炙牛心，当被炙烤到芳香扑鼻时，便用刀割下一块来吃。这一次，周顗宴客的餐桌上也配备了这一样佳肴。炙牛心烤好之后，周顗举刀先是割下了一块。座位上的人这时都把目光集中在周顗那里，看他将那块牛心先赏给谁。可是，他们万万也没有想到，周顗把它赏给了年少的王羲之。座上的客人们一时间纷纷惊问，这个年少的人是谁呢？也就是从这次之后，王羲之便成了当时的知名人士。

还有一件事情，说的是晋太尉郗鉴想选女婿。郗鉴是个很爱才的人，后来，打听到王家子弟一个个相貌堂堂，才华出众，就想缩小范围，在这几个青年人当中选择一个做他的女婿。消息传来，王家子弟一个个兴奋而又紧张，于是，一个个精心修饰一番，规规矩矩地坐在学堂里。可是有一个人却与众不同。只见他还像平常一样随便，一边聚精会神地在那里写字，一边解开上衣，露出肚皮，无拘无束地咀嚼胡饼，那一副神态，让人见了，禁不住直想发笑。

郗鉴派来的人在学堂里观察、了解了一番后，把情况一五一十地对郗鉴说了。郗鉴听了，高兴地将两个手掌一合，说道："那位举止随便的青年，就是我要找的女婿啊！"

在郗鉴看来，这个青年人不把个人的事儿放在心上，而是集中精力于书法事业，这正是有出息的表现。有这样的钻劲、迷劲，是不愁不成才的。果然，不久，王羲之就成了晋太尉郗鉴的女婿。

又一件事情说，品性高洁的王羲之后来对做官没有多大的兴趣，于是就离开了嘈杂烦闷的京城，来到风景宜人的江南，在绍兴一带居住。日复一日，王羲之漫步在水乡泽国，一只又一只的白鹅，让他深深着迷。它们一个个整洁美丽，或浮游，或高歌，或嬉戏，给予王羲之不少的启迪。有时，王羲之看着看着，竟然忘记了回家吃饭。

这一天，他惊喜地发现有一只白鹅长得很与众不同，羽毛如雪，顶冠似火，它的叫声更是悦耳动听。王羲之一下子便喜欢上了它，于是立即让人到附近去打听一下，想把它买下来。经过打听，王羲之得知，这只大白鹅的主人是一位白发苍苍的老妇人，由于这个老人家的身边已经没有任何亲人，只有这只大白鹅和她朝夕相伴。所以，尽管家里很穷，但这只鹅却是怎么也不舍得卖掉的。王羲之知道后，深深理解了老人的心情，也便表示不再买它了。但是，为了进一步观察那只大白鹅，他决定去登门拜访。

听说书法家王羲之要来家里，老妇人高兴极了，可是拿什么来招待贵客呢？老人家想来想去，实在想不出什么办法来，可是就在这时，院子里忽然响起了“哦——啊——”的鹅叫声。于是，老人从那只大白鹅上得到了启发，紧接着就把它杀了，做成一道美味的菜肴，等待着王羲之的到来。

王羲之来到了老妇人的家里，但是，当了解到老妇人为了招待他把心爱之物杀掉了的时候，他的眼睛一下子湿润了。他既为已经成了盘中美味的大白鹅感到可惜，更为老妇人的盛情感动，于是，当即让人找来笔墨，在随手带来的六角竹扇上挥毫写了一幅字，把它递给老妇人说：“老人家，我没什么感谢您的，请把这个扇子拿到集市上，卖上一百钱，贴补一下生活吧。”老人坚辞不受，王羲之深情地说：“这是我孝敬你老人家的一点心意啊！”

4. 毕卓：偷酒被擒住的部级高干

毕卓，字茂世。两晋时新蔡鲖阳（今安徽鲖城县）人。大兴末年官至吏部侍郎。毕卓一向为人简傲旷达，嗜酒无度，并常因饮酒废职。

一天，毕卓和朋友在一起喝酒，直到喝得酩酊大醉后方才回衙，这时，天已经黑了，毕卓路过邻居的房前时，闻到从屋子里散发出来的酒香，这酒香让他难以自制，于是，顺着酒香跑到酒瓮边，不管不顾地喝了起来。正在这时，被邻家掌酒的人发现了，这家的主人请他一起在酒瓮旁尽情饮酒，直到一醉方休。

毕卓饮酒有个习惯，喜欢用蟹螯下酒。螃蟹的两螯肥大而且丰满，风味独特，是下酒的绝妙美味。所以，有一次，毕卓在和朋友们一起喝酒的时候，曾经十分满足地说道：“得酒满数百斛船，四时甘味置两头，右手持酒杯，左手持蟹螯，拍浮酒船中，便足了一生矣。”

5. 何曾：馒头蒸不出十字花杀头

何曾，字颖考，西晋阳夏（今河南太康）人，三国魏时，官至司徒，曾参预司马懿和曹爽的争权。西晋初年，他因有功而任丞相，为晋朝重臣。

何曾一向追求奢华，特别在一日三餐上，更是百般苛求。从他家厨房里制作出来的馔肴，比王侯帝戚家的都要好。就连晋帝每一次举办宫廷盛宴，何曾都瞧不上从宫里烹制出来的那些馔肴，很难动一下筷子，他认为这些丰盛的馔肴，与他们家制作出来的味道真是差远了，简直无法吞咽下去。晋帝知道何曾这样，也并不气恼，反而特别允许他从自己家里烹些菜肴带来享用。

据说，何曾为了能够获得美食，甚至不惜花费大量的金钱与精力。有人甚至统计过，他每天用到饮食上的钱财就能超过万两黄金，就是这样，也有难免感到味道不好的时候，并说没有可以下筷子享用的菜肴。当时，精通于面点发酵术的人很少，何曾家的厨师把经过发酵了的蒸饼出笼后，都要端给何曾先看一看，如果发现饼上没有裂出十字花，何曾是不会吃的。

何曾虽然喜好饮食，但是在饮食美味上他太过于苛求，以至于达到极度奢侈的地步。当时有人弹劾他的挥霍无度，但是晋帝把他看作重臣而从没有过问这件事情。

6. 王济：拿人奶蒸猪肉

王济，字武子，晋朝太原晋阳人，擅长骑射，勇力绝人。当时世人推崇老、庄思想，王济精通《易经》、《庄子》、《老子》，并且文词俊茂，伎艺过人。后来王济娶了晋武帝司马炎的女儿常山公主为妻，官至侍中。

王济也是一个贪图享受的人，平日里锦衣玉食还显不足，仍千方百计追求新奇的美味。

曾与石崇斗富的王恺，是晋武帝的舅舅。他有一头神牛，名叫“八百里驳”，平时，王恺对它异常爱惜，常常亲自揩拭牛角。

王济知道之后，找到王恺，以一千万钱与王恺打赌，提议两个人比箭。如果他赢了，就要那头牛；如果他输了，就把一千万钱给王恺。王济故意一本正经地对王恺说：“你知道，我射箭的功夫可是比不上你的。”

王恺原本就精于骑射，听了这话，心里美得不得了，一口就答应了王济说：“你先来吧！”。王济也不推辞，箭搭弦上，一箭射出，远处的神牛应声倒在地上。这时，只见王济得意洋洋地往胡床上一坐，大声吩咐道："快把牛心取出来！"王恺见状，大惊失色，只能眼睁睁地看着把牛心掏出来。之后，王济又让人赶紧将它送到厨房里做菜。他认为，只有刚刚从牛肚子里掏出来的牛心，才是新鲜好吃的。

因为王济府上一贯精于制作美食，所以晋武帝常常去他那里品尝。每一次去，王济都要将最好的美味佳肴装在琉璃器中，奉献给晋武帝。有一次，宴席之中有一款蒸猪肉的菜肴被端了上来，晋武帝看了看，而后又小心地品尝了一下，问道："我看这蒸猪肉与平常做的不一样，味道非常美妙，是怎么做出来的呢？"王济见问，忙如实回答道："它是用人乳蒸制的。"晋武帝一听，心中不觉一惊，心里边很快就不高兴了，还没有等宴席结束，他就郁郁不快地离开了。

王济之对于美食的追求，从某种程度上已经超出了人们的想象，留给世人的，自然是更多的骂名。

7. 刘穆之：不要脸也不记仇

刘穆之，字道和，小字道人，南朝宋东莞莒（今山东莒县）人。曾辅佐宋武帝刘裕夺取天下，并建立刘宋王朝，而后又辅佐武帝治理朝纲，官至尚书左仆射、领监军中军二府军司等职，深受皇帝的器重。

刘穆之小的时候家境十分贫寒，但是他却十分喜爱美酒与美食，为了寻求美酒和美食，甚至不拘小节。后来，他和江嗣女结婚后，还经常到他的妻兄家里去讨美味，日子长了，他妻兄家的人对他就不再那么热情，有时甚至当面羞辱他。但是，刘穆之却并不计较这些。他的妻子是一个明白事理的人，知道刘穆之这样，心里边很难为情，不止一次劝他不要再因口腹之事，再去兄长家，可是刘穆之根本就听不进去。

一天，刘穆之得知妻兄家要举办一场庆贺宴会，便匆匆与妻子一同赶了过去，正巧赶上开宴，刘穆之不顾三七二十一，坐在席上便狼吞虎咽一番。酒足饭饱之后，刘穆之看到桌上的一只盘里盛着槟榔果，便央求妻兄也让他品尝一下。妻兄见他讨要槟榔果，便对他十分不屑地说道："槟榔是帮助人们消化食物的，像你这样的人，经常连饭都吃不饱，你怎么会需要嚼它呢?"刘穆之听了，脸上并没有露出不愉快的表情。然而，他的妻子听了，却感到无比的羞耻，回到家后便剪断了头上的黑发，用它换来槟榔给他吃。

许多年后，刘穆之做了丹阳尹，有一天，他告诉妻子说，他要在家里设盛宴，邀请江氏兄弟。他的妻子听了这话，内心里十分感谢他不念旧恶，刘穆之满不在乎地挥了挥手说道："我本来就没有怨恨过他们嘛!"宴席是在一片欢乐的气氛里进行的。宴席结束之后，刘穆之顺其自然地让厨师端来一盘槟榔，那些槟榔被盛在一只金盘里，刘穆之亲自端给江氏兄弟嚼食。此情此景，让江氏兄弟不由想起以前的往事，一时感到很不自在。

8. 萧衍：一辈子吃素

萧衍，字叔达，南朝南兰陵中都里（今江苏省武进县），梁的建立者，世称梁武帝。

萧衍擅长文学、乐律、书法，笃信佛教。他的学问路线是先习儒，再奉道，后入佛。少年时代是习儒阶段，二十岁以后，改奉道教，一直到即位为帝后，仍未舍道。

萧衍归佛后，逐渐过上了佛教徒的生活，他颁布了《断酒肉文》，禁止僧众吃肉，自己也行素食。到了晚年，他提倡斋僧吃素。自己经常日食一餐，所食也只是豆羹粗饭而已。而对那些敢于饮酒食肉者，他以世俗的刑法治罪。

他最突出的奉佛行为之一是多次舍身为寺奴，曾先后四次舍身同泰寺，每一次都是朝廷花大量的钱财才把他赎出来的。他的第四次舍身是在太清元年三月，历时一个月，所花赎钱为“一亿万”。

他对佛经很有研究，尤重《般若经》、《涅槃经》、《法华经》等，他常常为大家讲经说法，召开各种法会，开设过千僧会、无遮大会。中大通元年开设的无遮大会，参加者有道俗达五万多人。

在梁武帝萧衍的影响下，梁代佛教由此达到了南朝佛教的最盛期，众多的佛教徒争相仿效于他，只吃素不食荤，从而形成了中国佛教中汉族信徒不食荤的历史事实，同时也提高了江南素食制作的水平。

9. 隋炀帝：不远千里品鲵鱼

隋炀帝，即杨广，隋文帝杨坚的次子。他即帝位的时候，天下太平，国富民强，因此，隋炀帝挥霍无度，穷奢极欲，对于饮食美味万般挑剔。各地的官吏为了讨好他，每年都要投入大量的人力物力，广泛搜集珍肴异馔献给他品尝。

“海鲵脍”是一种用海中所产的鲵鱼制成的干鱼脍。有一天，吴郡官吏将四瓶制成的上好海鲵干脍献给隋炀帝，见多识广的隋炀帝见了这种东西，竟然也不认识，心里头疑疑惑惑地问道：“以前吴郡进献的鲈鱼脍，味道很好，我把它称为‘东南佳味’，可是，这一次进献的不是鲈鱼脍，看起来却比它要更好啊，那么它是什么制成的呢?”

吴郡官吏听了隋炀帝的话，觉得他对海鲵脍很感兴趣，于是回答道：“这种海鲵脍，是用海中的鲵鱼制成的。”接着，他向隋炀帝详细叙述制作的过程："当五六月盛热之日，于海中取得鮸鱼，大者长四五尺，鳞细而紫色，无细骨不腥者捕得之。即于海船之上作脍。去其皮骨，取其精肉镂切，随成随晒三四日，须极干，以新瓷未经水者盛之。密封泥，勿令风入。经五六十日，不异新者。"隋炀帝听了，忙点头称赞道："真没想到，它居然是真正的海鱼制成的，又来自数千里之外，也可以称得上是一时奇味了。可是，怎么吃呢？"官吏一五一十回答道："将吃之时，先开瓷瓶取出干脍，用布裹上，以大瓮盛水渍之，三刻以后取出，带布沥干水，此时鱼脍则洁白如新。然后将鱼脍散置盘中，铺上细切的香柔叶，拌匀即可食用。海鮸鱼体性不腥，肉软色白，干制后又和入青叶，清新且味美。"

隋炀帝听了吴郡官吏的说法，立即命人依照这种方法制作之后端献上来，一边津津有味地品食着，一边不住地连连夸它味道鲜美。

史料记载，用海鱼制作鱼脍，在隋朝及隋朝以前都是很罕见的。隋朝以后，航海业日益发展，由此捕获海鱼等海产品制做莱肴的事情才渐渐多了起来。从而使得中国的烹饪原料得到进一步的丰富。

10. 魏征：像贪酒那样贪芹菜

魏征，字玄成，河北人，自小家贫，因此出家为道士，后来成为唐太子李建成的部下。李建成被李世民杀死后，李世民认为魏征这个人忠厚而且耿直，具有一定的才能，于是便对他加以重用，官至谏议大夫。后任秘书监，封郑国公。魏征自成为谏议大夫后，只要遇到不平之事，都敢于向上进谏，进谏的时候，魏征一向态度严肃，言辞尖锐，直指要害，为此，常常使得唐太宗李世民在大臣们面前感到脸面上过不去。

有一天，魏征因事又一次向唐太宗直言进谏，语言十分苛刻，使得唐太宗感到十分难堪，不知如何下台才好。等到退朝以后，唐太宗的心里还是觉得有些接受不了，竟自叹了一口气，似乎自言自语地对一边的侍臣说道：“唉，真不知道该用什么办法才能让这个魏征不板着面孔进谏，难道他就不会给人一点轻松的气氛吗?”侍臣听了，建议道：“我听说魏征一直有吃醋芹的嗜好，而且当他每次吃到它的时候都禁不住喜形于色，不如也用这醋芹来试试他。”唐太宗略思片刻，觉得侍臣的话有点儿道理，马上便命人去做准备。

次日上午，唐太宗特召魏征进宫议事，并请他一起共进午餐。宴席上，唐太宗特意将一杯“醋芹”放在魏征的面前，魏征见了，毫不客气地便把它吃完了。唐太宗不觉笑了笑，又给他赐了两杯。魏征感到非常高兴，也都一一吃完了，接着，不由自主地眉飞色舞起来。唐太宗得意地望着魏征忘乎所以的样子，向他开玩笑道：“你一向自认为自己并没有什么特别的嗜好，所以从来也不怕别人拿住把柄挑你的毛病，因此上一味地板着面孔进谏。可是今天，我却看到你对醋芹有特别的爱好，对这件事情你又该如何解释呢?”魏征听了唐太宗的这番话，忽然想起自己刚才吃醋芹的样子，立时感到尴尬不已，急忙站起身来向唐太宗谢罪。唐太宗很开心地笑了起来。

11. 娄师德：冒死破戒食鱼羊

娄师德，字宗仁，郑州原武（今河南原阳）人，是唐朝时期文武兼备的一个大臣。娄师德足智多谋，据说他在“禁屠钓”的日子，都能以无可挑剔的借口吃到肉食。

所谓“禁屠钓”，是我国古代社会作为统治者制定的一项制度，即在规定的一些日子，所有人都不得宰杀动物、不准钓鱼，如敢违抗者一律绳之以法。唐高祖武德二年，规定每年正月、五月、九月及每月的一、八、十三、十五、十八、二十三、二十四、二十八、二十九、三十日等为“十斋日”，这些日子，全国上下所有的人必须“断屠钓”、“不食肉”。

这一天，时任御史大夫的娄师德从洛阳出发来到了长安。这个时候正是“禁屠钓”的日子，但是官厨知道他平日里离不开肉食，于是，还是在吃饭的时候，将一盘肥美的羊肉做好，端到他的面前。娄师德见到做得香喷喷的羊肉，立时来了精神，恨不得一下子就把它吃下去。但是，转念一想，今天正是“禁屠钓”的日子，于是，只好万般无奈地对官厨说道：“禁屠的日子，怎么能吃肉呢？快把它撤了！”话虽这样说，但是娄师德那双眼睛仍然恋恋不舍地盯着那盘肉。厨师心里很明白，于是望着娄师德，灵机一动说道：“大人，盘中的美味并不是我们屠杀得来的，它是被豺咬死的，我们把它拿来做成菜肴，您把它吃了，有什么不可的呢？”娄师德听了，立时高兴起来，不由说道：“这只豺也真是懂事，那就把它放这里吧！”说完，再也顾不得许多，大吃大嚼起来。

过一会儿，刚才的那个厨师又给娄师德端上来一盘鱼肉，想都没来得及细想，张口说道：“大人，这鱼是被豺咬死的，所以我把它做成了菜肴。”娄师德正吃得上瘾，听了厨师的话，啪地一声放下筷子大声责骂道：“你这个弱智，水里的鱼怎么能够被豺咬死呢？你怎么不说它是被獭咬死的呢？”说完，气呼呼地坐在那里，再也不动筷子了。厨师见状，连忙对娄师德改口道：“大人，对不起，是我给记错了，是大人说得对，这鱼是被獭咬死的！”娄师德听了，笑了笑，接着就拿起筷子把那条烹好的鱼吃了。

12. 段成式：为猪心下跪叩头

段成式，字柯古，临淄（今属山东淄博市）人，唐朝的学问家、美食家。

段成式一生著书繁多，有《酉阳杂俎》三十卷，其中的《酒食》篇记述了南北朝及唐时的诸多饮食掌故，还载有《吕氏春秋·本味篇》中提到的百余种食物原料、调料及酒肴名称，辑录了佚书《食次》、《食经》所载菜点的制法。

段成式喜好饮食，并善于品味。有一天，他骑着马到野外打猎。快到中午的时候，感到肚子里十分饥饿，就找到了一户人家，向主人讨要些充饥的食物。这家的主人是一个老妇人，老妇人把他迎进屋来之后，忙着点火架锅。但是能够拿得出手款待客人的也仅有一块猪心了，而且又没有烹制它的诸多调料。在没有其他办法的情况下，老妇人只好把那块猪心一块一块地切碎了，然后加上水煮成了一碗“炙雁（肉羹）”，算是给段成式充饥。段成式接过老妇人端上来的肉羹，略略品味了一下，立时觉得这炙雁的味道要比那些官宦之家的上等肴馔好上许多，于是非常高兴，很快就把它吃了个干干净净。之后，忽地跪倒在地，叩头如捣蒜，定要老妇人说出这道猪心菜的秘方。老妇人笑道：庄户人家，那有什么秘方，不过是清水一锅、猪心一个、柴禾一把！

段成式怀疑老妇人不肯说出自己绝活，于是跪在那里，一个接一个的叩头，叩得山摇地动，定要老妇人教他。

老妇人正色道：乡野人家，虽然贫寒，但是绝无欺诈。你若不信，就跪死在这里吧。说完，关上柴门，不再理会。

段成式见老妇人为人厚道，处事果决，言行一致。于是心里觉悟道：“原来如此。这肉羹是老妇人随意烹制出来的，吃到口中却如此味美，这是因这它保留了原料的自然美味啊！”

段成式回到家里之后，心里边念念不忘老妇人为他做下的那一碗炙雁，反复回想，反复推敲，大致列出流程，便让厨师依法烹制，果然那美味相差无几。于是借“无心成菜菜自美”，之句，遂将它命名为“无心炙”。

13. 张衡：为饼丢官

在唐代的京都长安，蒸饼是十分普通的一种食物，深受人们的欢迎。许多人都喜欢吃它，经营这种食物的人也是很多的，既有设店销售的，也有沿街叫卖的。每至三餐时，那些香喷喷热腾腾的蒸饼，总是能够挽留住来往行人的脚步，即便一些地位显赫的达官贵人也难免被它所诱惑。

据说，武则天自立为帝时，为了巩固政权统治，施行了种种严刑峻法，文武百官们稍有不慎，就会遭到贬谪，流放到异地。当时，有个名叫张衡的官员，素日里做事极为小心谨慎，生怕有一丝一毫的疏漏，位至四品，又因办事有方，马上就要被重用官升三品。可是这一天，他退朝之后，忽然感到肚里十分饥饿，心里想着赶紧找点充饥的食物来，也好使得这腹中难忍的饥饿消失了。就在这个时候，张衡忽然发现了路旁的一家卖蒸饼的店铺，刚刚出笼的新鲜蒸饼正被主人抬出，阵阵饼香扑鼻而来。张衡见状，脑中便忘记了许多的清规戒律，腹中的饥饿让他再也顾不得许多，走上前去便买下一个，而后骑在马上一边往前走，一边吞食着。可是，张衡万万没有想到，他此时的所作所为，正巧被路过此地的一个御史撞见了。第二天，那个御史把这件事情告诉了武则天。武则天听罢，立时大怒起来，拟下一道圣旨，便将伤风败俗的张衡降职之后流放到很远的异地去了，并且命他永生不得入朝。

14. 韦陟：剩菜也值万两金

韦陟，字殷卿，唐代玄宗、肃宗时的大臣，职任礼部尚书，封号为“郇国公”。

韦陟是一个对膳食极为讲究的人，一餐一饭都非常挑剔，达到了穷奢极欲的地步。

他曾经为了满足个人几近怪僻的心理，选择了一块十分肥沃的土地，让人在这块土地上精心种植粮食，每到秋天，地里的粮食成熟了，他却不忙着让人收割，而是巧思妙想使用群鸟去到地里为他择米。而他只食用那些飞鸟啄食过的米，其他的绝大部分都废弃了。

韦陟一日三餐都有许多的山珍海味，而他本人却只挑捡一两样最为喜爱的佳肴进行品味。每次用完了餐，只是厨中遗弃的食物价值就达到上万钱。如果谁邀请他去做客，主人都要竭尽所能，各种水陆珍肴都得准备好。但是，即便这样，有的他只是勉强尝上一点儿，就再也不动筷子了，大部分的菜肴，他只要看上一眼，就知道它们的味道到底好不好。

因为韦陟在饮食上极为讲究，所以他的厨房里，遍藏了天下的奇珍异馔。只要是来到他的府上拜访和做客的人，谁都经不住厨房里那些精美馔食的诱惑，多数人都要亲自走进厨房看一看，并享受一番难得一见的美味。

有一次，韦陟在府中大宴宾客。说笑之间已经到了日暮时分，为了求得光明，他别出心裁命一群貌美的婢女，每个人手里擎着一杆蜡烛，整整齐齐地围着宴席站立在那里。应邀来此的宾客们，在无数闪动的烛光里举杯畅饮，饴然自得地品尝美食，一个个竟如置身于梦幻一般。后来，这件事情被人传了出去，时人把它叫做“蜡围”。

因为韦陟的封号为“郇国公”，有人便将“郇公厨”、“郇厨”作为精美膳食的代名词。

15. 唐德宗：抛却烦恼的馒头

唐德宗，代宗长子，名适。

唐德宗登上帝位的初期，政令清明，颇有作为。可惜他性好猜疑，所以后来在用人上连连发生错误，导致了朝政衰落，造成镇守一方的军事大臣权倾朝野。唐德宗一时无力改善，只能姑息养奸。为了这藩镇权力的事，唐德宗渐渐变得茶饭不思，一日日郁郁寡欢。御厨们见状，绞尽了脑汁去烹制美食佳肴，但是却一点也不能引起唐德宗的食欲。

一天清晨，御膳房得到一头极肥的熊和一头精心养大的鹿。厨师们商量一番，最后割下熊身上和鹿身上的精美肥肉，把它们剁成馅，包在一个一个的面团中，制造成形状尖尖的馒头，蒸熟之后拿给唐德宗吃。唐德宗见馒头是尖形的，与平日的有所不同，立时引发了好奇心，拿起一个品尝了一下，感觉味道很好，居然立时把烦恼抛在脑后，又一连吃下了好几个。

中午的时候，翰林学士赵宗儒无意间听一个太监说道："今天早餐有玉尖面，是用消熊、栈鹿作馅制成的，皇上很喜欢吃。"赵宗儒一时感到新奇，便走上前去询问了它的形状、制法和所使用的原料。那位太监一一告诉了他，说它的形状和制法与民间的“尖馒头”差不多，只是它的原料很不容易得到，“熊之极肥者曰消，鹿以倍料精养者曰栈。”有了这两样，才能完成它的制作。可惜的是，到现在它的具体制作方法早已经失传了。

16. 刘覃：现吃樱桃现栽树

唐朝的时候，凡是新及第的进士，都非常重视樱桃宴。乾符四年，刘邺的三儿子刘覃及第进士，于是，十分慷慨地对众人说：“如今樱桃才刚刚成熟，到时我请各位吃樱桃宴。”当时，因为樱桃很难买到，而且价格又十分昂贵，所以大家听了都半信半疑。

刘覃说过这话之后，便暗中派人花了大量的银两，预购了几十棵樱桃树。直到开宴那天，刘覃才派人把樱桃树上的樱桃摘下来，办了樱桃盛宴，这个时候樱桃刚刚上市，并不怎么好吃。于是，刘覃便命厨师把这些樱桃与糖和奶油拌和在一起，每人一份盛在碟里端上席来。众公卿大臣和新科进士们品尝到了这样的樱桃，个个感到十分快活。

17. 卢延让：红绫裹饼的情思

卢延让，字子善，范阳人，累迁给事中，官至刑部侍郎。时人称其为有卓绝之才。

唐昭宗光化年间，朝廷发放进士榜，得到二十八位有才学之士。于是，皇上特意在曲江为这二十八位进士大摆宴席，并命太官制作一道名为“红绫裹饼”的美食，分赐给这二十八位进士。此时，卢延让作为进士之一，也有幸品尝到了“红绫裹饼”的美味。

“红绫裹饼”是一种做法十分精细的饼食，因这道美食做好之后被外裹红绫而得此名。在唐代，它做为宫廷的馔肴，很为人们所看重和喜欢。

后来，卢延让为避战乱去往蜀地，在五代前蜀王衍的小朝廷中任学士之职，一直到老也没有被朝廷重用，还遭到蜀人的轻视。卢延让常常会不自觉地回忆起自己在唐朝时春风得意的样子，回忆起自己被皇上赏识并赐于他“红绫裹饼”享用的事情，禁不住感慨万千，于是便独自沉吟道：“莫欺零落残牙齿，曾吃红绫裹饼来。”

蜀主王衍得知卢延让对“红绫裹饼”有这样深的感情，猜想这样的一种食品一定不同于寻常，于是也命人仿照唐代宫廷的制作方法，做出“红绫裹饼”，也同样将它裹上红绫，列为宫廷馔肴的上品，赐给卢延让等人。

“红绫裹饼”由唐代兴起，到了宋朝，它的制法已经由宫廷的一款专用馔肴，成为官宦之家宴席上必不可少的上品。

18. 孟昶：梨园小乐候宴游

孟昶，五代时后蜀国君。公元934—965年在位。

他即皇帝位后，不理政事，只喜宴享游乐，过着醉生梦死的生活。

孟昶特别喜好船宴，他不仅在浣花溪上率领庞大的船队游览宴饮，而且有时还在宫里的池水中，举行船宴活动。他的妃子花蕊夫人多首《宫词》都描述了当时饮宴的情形，如第八言：“厨船进食簇时新，侍坐无非列近臣。日午殿头宣索急，隔花催唤打鱼人。”第十九言：“梨园弟子簇池头，小乐携来候宴游。试炙银笙先按拍，海棠花下合梁州。”生动地记录了当朝的皇帝与臣僚们在一起一边品尝着新鲜的鱼肴一边耳听着悠扬的乐曲欢宴的情形。

19. 王建封：拉动全国鸽子消费

王建封，五代时南唐人，少年时既从军，文化水平不高，因有战功，被封为都虞侯。王建封虽然粗鄙无文，但却喜欢附庸风雅，日常生活也极端奢侈。

有一次，王建封的侄子写了一篇《动植疏》，讲述经营花鸟虫鱼之事，准备请他作为奏章代呈给南唐主。王建封收到奏章后，觉得很好，立刻便命专管文书的一个官员，按照奏章的标准格式重新为他抄录一遍，以作备用。那位管文书的官员从王建封那里接过奏章后，不敢有丝毫怠慢，便抄写起来。但是，当那位官员在抄写到有关于鸽子的事情时，却因为精神十分疲惫，不慎将“鸽”字一分为三，写成了“人”、“日”、“鸟”。

那位管文书的官员抄好奏章后，没来得及再看一遍，就交给了王建封。王建封不辨正误，以为”人日鸟”即是鸽子的称谓。古来风俗，正月初七为人日。于是便误以为它是在“人日”时被人食用的。

到了第二年的农历正月初七人日时，王建封在府中设盛宴招待他的众多亲朋好友。丰盛的宴席上，第一道被端上来的菜肴，就是用鸽子肉做成的。王建封看到被烹成美味的鸽肉，一边十分得意地请众人品尝，一边热情介绍道："鸽子，又叫人日鸟，是在人日时必须要吃的。"大家听了他的话，起初有些不明白，后来，当他们都知道了事情的原委后，竟暗暗地嗤笑起他来。而王建封，则仍然我行我素，坚持在每年的人日宴席上，请亲朋好友首先品吃鸽子肉。

20. 李继岌：一碗粥，几颗头

李继岌，后唐庄宗李宗勖的儿子，同光三年封为魏王。

魏王李继岌平日里特别喜欢吃肉羹。每到吃饭的时候，他都要吩咐让厨师把羊肉、兔肉、猪肉切成小块儿，合煮在一起成羹后食用。每当羹煮好食用时，只要发现羹里少一样肉料，他都要大发雷霆。因此，厨师们在为他做羹时都十分小心。

魏王喜欢吃肉羹，然而当时的宰相卢澄，则是喜欢吃用乳粥、豆沙粥和粟粥混合在一起的食粥。每天早晨，卢澄和其他的官员们一样，都要到殿前等候朝见。每到这个时候，殿里的厨师便会把准备好的便餐端出来，以供文武百官品尝、饱腹。卢澄对各种菜肴都不屑一顾，总是将粟粥、乳粥和豆沙加糖粥拿来，用小勺分别舀取一些盛入碗中，搅匀后食用。

有一天，厨师们闲来无事，在一起议论魏王和文武百官的饮食爱好。有一个人说：“魏王平日里喜欢吃羊肉、兔肉、猪肉合煮在一起的羹，要是从十二地支与十二种动物相配来看，猪为亥，兔为卯，羊为未，这简直可称之为‘亥卯未’羹了。而我们的宰相则是喜欢将粟粥、乳粥、豆沙粥混合在一起食用。单单从粥的颜色来看，乳粥为白色，豆沙粥为赤黑色，粟粥为黄色，把它叫作‘白玄黄’粥也真是再恰当不过了。”人们在一旁听了，也觉得这话在理儿。

自那以后，厨宫里就流传起了“王羹亥卯未，相粥白玄黄。”的顺口溜儿。

21. 刘承勋：十万螃蟹只吃黄

刘承勋，五代时后汉高祖刘知远的小儿子，初授右卫大将军，隐帝嗣位，加授检校太尉、同平章事等职。

刘承勋平日里喜欢吃螃蟹，但是每到吃蟹的时候，他只取蟹壳中的一点儿蟹黄吃，而对蟹螯却一点儿也不感兴趣。

有一天，刘承勋和他的亲朋好友在一起聚会，席间大家一起品吃新鲜的螃蟹。蟹肴端上餐桌之后，他的那些亲朋好友一个一个都争先恐后地取了蟹螯来吃，但是，刘承勋却不慌不忙地拿起一只蟹壳，小心地把里边的蟹黄挑出来放进嘴里品味着。一盘蟹肴很快就被大家吃完了，当第二盘被端上餐桌时，刘承勋的那些亲友们一下子意识到了什么，于是便都有意把吃蟹的速度放慢了，好让刘承勋取了蟹螯来吃。但是，似乎刘承勋并没有注意到这些，仍然只是挑了蟹黄享用。一旁的一个好友见他这样，于是不解地问道："从古到今，人们在吃螃蟹的时候都喜欢吃它的两螯，那么，你为什么不呢?"刘承勋听了，微微笑道："每个人都有每个人的喜好，可是，在我看来，十万只蟹足也抵不上一个蟹黄好吃啊，所以，我只吃蟹黄。"

也真是巧合，五代时南唐有个人，名叫卢纯，在对待吃螃蟹的问题上，也认为蟹黄是最好吃的，这种美味被他称之为"一品膏"。关于蟹黄的美味，他曾这样对人说："四方之味，当许含黄伯为第一。"话里所说的含黄伯，就是指含有蟹黄的螃蟹。

22. 窦俨：一辈子单喝羊眼汤

窦俨，字望之，五代宋初蓟州渔阳（今天津蓟县）人。才华极其出众。后晋天福年间中进士。先后出仕晋、汉、周各代，屡任史职。

窦俨曾经患有很严重的眼疾，几乎让他双目失明，后来，他有幸遇到医术高明的医生，才使得他的眼病彻底好转。窦俨的眼病好了之后，只要一回想起来，就感到有些后怕，唯恐眼病再一次发作，于是便向那位给他看眼病的医生询问预防眼病和保护眼睛的方法。那个医生告诉他说，预防眼病和保护眼睛的一条最重要的方法就是要注意饮食，且在饮食中经常食用一些用羊眼制成的羹。

根据中国传统医学的说法，吃脏腑补脏腑，吃眼睛亦补眼睛。唐代孙思邈在《千金要方》中也指出了羊眼主治“目赤及翳膜曝干”等眼病，也就是红眼病与白内障。而孟诜在《食疗本草》中则具体提出了利用羊眼治疗眼疾的方法：“熟羊眼中白珠二枚，于细石上和枣核磨汁，点目翳羞明，频用三四日瘥。”

窦俨听了那位医生的话，遵照他的嘱咐，后来一直食用羊眼羹，果然再没得过眼病。因为窦俨曾经拜为翰林学士，所以人们又将他曾食用的羊眼羹称之为“学士羹”，使得眼疾或为预防眼病的人纷纷效仿于他，制作学士羹坚持食用。

23. 宋祁：率领群众喝大酒

宋祁，字子京，祖籍安州安陆（今湖北安陆县），后迁开封之雍丘（今河南杞县），是北宋时期著名的文学家和史学家。北宋仁宗天圣进士，任翰林学士、史馆修撰，并与欧阳修等同修《新唐书》。曾出知定州、益州等地，后官至工部尚书。

四川人历来“尚滋味”、喜宴饮。宋祁出知益州之际正是蜀中经济繁荣、俗尚游宴之时。

对于蜀中民间的众多游宴，宋代地方政策主要是因势利导。最初，官吏为了治理好这一地区，每遇大型游宴活动则在外围派兵观望，维持秩序。宋太宗太平兴国五年，张咏出知益州，认为简单的防范，只能显得消极被动，便顺从民意，积极主动地组织并参与游宴。张咏因顺从民意，善理政事，最终受到蜀中人民爱戴，他的方法也成了继任官吏的常法。

本来宋祁生性喜欢游宴，所以当仁宗认为益州乃重地、打算让他去当太守时，宰相曾试图阻止道：“蜀风奢侈，祁喜游宴，恐非所宜。”（见《岁华纪丽谱》）果然，宋祁来到蜀中之后，十分投入地参与到游宴活动中，不但带头游宴，而且还运用他的才智增设了许多项目，由此将游宴推到最高潮。他常在宴饮时兴趣盎然地吟诗填词，还在宴罢让歌妓唱即席填的新词以送茶，使人们酒足饭饱后能在优美的歌曲声中品茶谈笑，因而很快便为当地人所接受，并成了后人因循的一个宴饮必备的项目。

除了倡导游宴外，宋祁还以文学家和史学家的敏锐目光观察四川的独特物产，写下了史料价值极高的《益部方物略记》。

《益部方物略记》就所载烹饪原料而言，既记述其产地、生长形态及相关历史，也写了其口味特征和烹食方法，使人能完整而形象地了解这些烹饪原料。如药子，他描述道：“出渝、沪、茂、威等州，即汉唐蒙所得者。叶如王瓜，厚而泽，实若桑葚，缘木而蔓。子熟时外黑中白，长三四寸。以蜜藏而食之，辛香，能温五脏。或用作酱，善和食味。或言即南方所谓浮留藤，取叶合槟榔食之。”

除此之外，书中还记载了当时四川的特产原料。其中，蔬果类有珍珠菜、天仙果、佛豆、红珠豆、绿萝卜、限支、天师栗、绿葡萄；水产类有墨头鱼、嘉鱼、纳鱼（即娃娃鱼）、石鳖鱼、鲨鹿鱼等；调料类有艾子等，为研究四川饮食烹饪留下了宝贵的史料。

24. 苏轼：放胆品河豚

苏轼在常州任职地方官时，非常喜爱品吃河豚。然而，据考证，河豚是一种肉质无比鲜美的鱼，但是它的肝脏、卵巢和血液却有剧毒，要想食用它而不中毒，必须经过最为严格有效的处理和合理的烹调，如果稍稍处理得不够适当，那么吃了这种美味的人便会有生命危险。所以因吃河豚而导致死人的事情是常有发生的。苏轼有一位朋友，善于烹调，却又不懂得河豚如何做法，于是便向有经验的人请教。

这一天，苏轼的这位朋友得到一条河豚，于是按照别人向他传授的经验，小心翼翼地把河豚的脏腑、卵巢和血液等都处理得干干净净，精心烹制，把苏轼请到，让他进行品尝。

谁也没有想到，当那条烹好的河豚被端上桌之后，苏轼只是看了一眼，一句话也没说，拿起筷子便大吃大嚼起来。此时此刻，室里室外除了苏轼啧然有声的品味声，再也听不到一点儿动静。人们似乎都在忐忑不安地等待着。在屏风后面偷看苏轼品味的朋友家人看了一会儿，正要转身退出去，就在这时，却听苏轼放下筷子十分满足地说道：“吃了这河豚，也值一死了！”话音落下好一会儿，朋友和他的家人见苏轼除了满足的笑容，还和平时一样，这才把一颗悬着的心放下了。

25. 刘彝：餐餐苦菜味道香

刘彝，字执中，北宋人。曾任翰林学士等职。北宋仁宗庆历六年考取进士，开始进入仕途。历任朐山县令、都水丞、处州知府、银青光禄大夫。

刘彝还是北宋时期一位著名的学者，著有《周礼中义》10卷、《古礼经传续通解》29卷、《洪范解》6卷、《七经中义》170卷、《居易集》30卷、《水经注》4卷、《礼记大全》等。

刘彝在饮食上最喜欢吃的菜是苦荬菜。这种苦荬菜与苦菜长得类似，它的茎和叶均可以入食，只是吃起来的时候，感到味道比较苦涩。可是，刘彝却觉得它“甘如荠”，并且每顿饭都离不了它。

有一年，武襄公狄青挂帅镇守边疆，一时高兴，便邀请了刘彝和魏公韩世忠一起聚会。狄青知道刘彝平时最爱吃苦荬菜，于是，特意派了一些士兵到野外寻找。但是当时边疆的苦荬菜比较少见，直到聚会开宴这天，到野外采集苦荬菜的士兵还没有找到一点儿。

宴会开始后，狄青对刘彝和韩世忠只得如实告知没有办到苦荬菜，为此感到十分遗憾。可是，刘彝听了，还没等狄青把话说完，就忽地一下站起身来，怒不可遏地对狄青和士兵大骂起来。狄青听刘彝破口大骂却并不生气，等他骂完了，很有礼地说道："先生，今天的事情还请你多原谅，你就勉强吃一点吧。"没有办法，刘彝只好渐渐把气消了，和其他人一起吃起酒菜来。坐在一旁的韩世忠眼见了刚才的一幕，从心里则暗自敬佩起狄青来，说他是一位真正的将相之才。

后来，有人专门记载了这件事情，并仿照刘彝的说法，把苦荬菜命名为"如荠菜"，还记述了它的制作方法："用醯酱独拌生菜。然作羹，则加之姜、盐而已。"

26. 韩贽：顿顿不忘腌咸菜

韩贽，字献臣，宋代长山（今山东邹平）人，官至龙图阁直学士。

韩贽平时对瓜齑特别偏爱。他家乡的人们每当瓜熟蒂落的时候，常常把瓜洗干净，然后经过刀工处理之后，用酱把它腌渍成菜，这种食物人们称之为“瓜齑”，其风味十分独特。韩赞自小时候起，每顿饭都少不了它。

后来，韩贽到河北任都漕之职，有一次，他在去军营巡视的时候，看到有卖“瓜齑”的，于是便买来吃了，并问身边的人：“为什么军营里还有卖这种瓜齑的呢?”身边的人回答道：“军营里有很多的山东人，他们常常做“瓜齑”，有的做了自己食用，有的吃不了，就拿出去卖了。”

自那之后，韩贽每到军营里巡视的时候，都不忘记寻找瓜齑来吃。

许多年以后，韩贽升任龙图阁直学士。有一天，赵说到府中来拜访他。韩贽热情地设宴款待了赵说，席间一款佳肴便是“瓜齑”。赵说品味了，连声说好，并向他请教了这种菜的做法，韩贽便一一向他作了介绍，同时，又饶有兴趣地把当年在军营中食瓜齑的情形向他叙说一番，不但如此，而且还分别介绍了各个军营的瓜齑风味差异及品质优劣。赵说听得津津有味，末了赞叹道：“欧阳永叔曾经撰写了《花谱》，蔡君谟也著有《荔枝谱》，今天，看来韩龙图应该撰写《瓜齑谱》了。”说罢，两人哈哈大笑起来。

27. 谢谔：每天一碗豆腐脑

谢谔，字昌国，号艮斋，江西新喻人，绍兴二十七年中进士第。为官多有政绩，后迁侍御史，再迁右谏议大夫兼侍讲，宋朝的一大儒家。晚年时居住在桂山，一心钻研儒学，曾教授弟子有数百人，当时，人们称他为“桂山先生”。著作有《圣学渊源》《兼山家学》等。

桂山先生在饮食上有一大爱好，并且坚持不懈，便是喜欢吃自家做的豆腐脑，他认为豆腐这种东西能够宽中益气、和脾胃、消胀满，应当是饮食养生的首选佳品。于是，他每天清晨起床之后，首先吩咐厨师的便是让他烹制一些豆腐羹。一年三百六十日，百吃不厌。闲暇时候，他还会亲自下厨，把肉切成细丝，然后放在锅里与豆腐脑一起同煮，一定火候后，配上调味料，便可以盛入碗中，或者待客或者自享了。

他的一些朋友和众多弟子们都知道他的这种喜好，想吃豆腐羹的时候，就在早晨去拜访他。谢谔好客，所以不管人是哪里来的，他都一律热情招待，并且邀请他们与他一起同桌共餐，完全一片其乐融融的气氛。

28. 张镃：年年家宴 12 桌

张镃，字功甫，又字时可，号约斋居士，南宋诗人、书画家。祖籍成纪（今甘肃天水），南渡后居临安（今浙江杭州）。以廕官奉议郎，直秘阁、权通判临安府。曾先后从杨万里、陆游学诗，并多唱和。有《南湖集》二十五卷，已佚。清四库馆臣据《永乐大典》辑为十卷（其中诗九卷）。

张镃的家境十分富足，平日里非常喜欢作一些饮食宴飨，几乎每年十二个月里，月月都要设家宴待客，每设宴，所做菜肴都与众不同，力求真率，不求奢华。

宋周密《武林旧事》中，记载了张镃一年之中的每月所设家宴的名目：正月孟春“岁节家宴”、立春日“迎春春盘”、人日“煎饼会”；二月仲春“社日社饭”、“南湖挑菜”；三月季春“生朝家宴”；四月孟夏初八日“亦庵早斋”、随诣南湖“放生食糕糜”；五月仲夏端午节“泛蒲家宴”、夏至日“鹅脔”；六月季夏“现乐堂赏花白酒”；七月孟秋“丛奎阁上乞巧家宴”、立秋日“秋叶宴”；八月仲秋“中秋摘星楼赏月家宴”；九月季秋“重九家宴”、“满霜亭尝巨螯香橙”；十月孟冬“旦日开炉家宴”、立冬日“家宴”；十一月仲冬“冬至节家宴”、“绘幅楼食馄饨”；十二月季冬“家宴试灯”、除夕夜“守岁家宴”。周密所列如上家宴，或因节气、习俗而设，或因新出优质原料而设，其名目之繁多，大有让人耳目一新之感。

29. 徐乾学：千两银子一个菜

徐乾学，康熙九年进士，官至刑部尚书。他以自己在文学上的才能，为康熙皇帝所重用，不止一次受到康熙皇帝的褒奖和赏赐。康熙皇帝知道他也是一个美食家，曾赐予他一款“八宝豆腐”方。

徐乾学得到诏书时，心里头万分高兴，于是立即前往御膳房去取食方。可是，不料想，人到了御膳房后，一个官吏却为难于他，问道：“你想要食方吗？那你带钱来了没有？”徐乾学听了那位官吏的话，有些困惑地问道：“这是皇上赏赐我的，还要用钱买吗？”官吏正色说：“这是规矩，你也不要费那么多的口舌，一句话，要想取食方，就得交银子！”徐乾学一下子显得无所适从。那位官吏看看徐乾学，想了想又接着说：“这样吧，因为是皇上赐你的，那就只收你一千两，否则，你就是出再多的银子，也不会给你的。”徐乾学见没有回旋的余地，只好回府去取了一千两银子，把它送给那位官吏后，这才把食方取回来。

徐乾学自从重金得皇帝亲赐的“八宝豆腐”方之后，非常珍惜它，除非用它宴请亲朋好友或者自己的得意门生等尊贵的客人，一般情况下他是不舍得用它的。徐乾学有一个得意门生，名叫王楼村，在吃了徐乾学招待他的“八宝豆腐”之后，非常喜欢，曾经不止一次地恳求先生把这方子说给他，徐乾学见他诚恳，这才把方子告诉了他。而王楼村在得到先生给予他的这一食方后，再也没有将它透露给任何人，从此，王氏家族世世代代便将这个方子秘密传承下去，直到袁枚撰写《随园食单》时，才将这秘方公之于众：“用嫩片切粉碎，加香蕈屑、蘑菇屑、松子仁屑、瓜子仁屑、鸡屑、火腿屑，同入浓鸡汁中炒滚起锅。用腐脑亦可。用瓢不用箸。”

30. 袁枚：为豆腐作揖

袁枚，字子才，号简斋，浙江钱塘人，清代中叶的美食家，诗人。

袁枚一生喜爱美食，并善于烹调，所以平时十分注意收集有关佳肴的烹调方法。

据说，当时杭州有一位名士，名叫蒋戟门，很擅长烹制菜肴，凡是吃过他制作菜肴的人都说味道极好。而在他所制作的那些菜肴里头，有一款豆腐菜最有名气。袁枚得到这个消息后，便在这一天登门拜访了蒋戟门。不过，还没有等袁枚问话，蒋戟门却十分炫耀地问道：“袁大人，你吃过我做的豆腐吗?”袁枚摇摇头认真回答说：“没有。”蒋戟门接着便来了兴致：“那我今天就给你做一款，好让你品尝品尝我的手艺。”说着，竟穿戴上烹调菜肴用的衣物，走进了厨房。

不一会儿，蒋戟门就把一桌十分丰盛的宴席摆在了袁枚的面前。袁枚看到，最后一盘被蒋戟门端上来的，就是他所炫耀的豆腐菜。蒋戟门示意让袁枚品尝一下，袁枚拿起筷子挟起一小块儿，只是略微品尝了一下，就觉得它的味道确实如许多人所说的那样香美，果然名不虚传，于是，接下来便舍了桌上的许多菜肴，专吃这一款豆腐菜了。

宴席结束以后，袁枚回味着这一款豆腐菜，还在不停地称赞着。蒋戟门见袁枚夸奖，便高兴地说：“既然袁大人这样喜欢，以后你就常到我家来好了，我再做给你吃。”袁枚听了，却说道：“实在不敢过分打扰您了，我只求你能够把制作这款豆腐的烹饪方法告诉我就行了，回去后也好依方自享。”蒋戟门笑了笑，朝他摆摆手示意不行，袁枚无奈，再一次诚恳相求，蒋戟门想了想，不好直面拒绝，便故意给袁枚出了一道难题说：“这样吧，如果你能够给我作三个揖，我就把这个方子告诉你。”依照蒋戟门的猜测，袁枚是决然不会舍下这个面子来的。可是，他没有想到，袁枚听了这话之后，略思片刻，竟然真的走过来，躬身对他作了三个揖。没有办法，蒋戟门只好将这一豆腐方告诉了他。袁枚得到菜方后，不禁心里头一阵大喜。

六、饭桌上的那些文人

1. 杨雄：川菜广告师

杨雄，字子云，蜀郡成都人，西汉后期最著名的赋家。他生长在蜀中，看到蜀中的物产丰富，饮食中美酒佳肴众多，一年里人们宴饮不断，生活一派繁荣富饶的景象。高兴之余，作《蜀都赋》以表达对家乡的热爱与赞美，这篇赋至今在世广为流传。

杨雄在《蜀都赋》中，列举了七十余种动植物原料，既有蜀中各地的物产：川东的石蜻，川南的菌芝，川西的井盐，川北的野兽，也有当地常用的普通水陆原料，如水中的茭白、香蒲、莲藕、鳝鱼、娃娃鱼，陆地的各种水果、蔬菜及五谷。另外，“姜栀附子巨蒜，木艾椒篱，蔼酱酴清……盛冬育笋，旧菜增伽，百华投春，隆隐芬芳”，都是用于烹饪的主要原料。

巴蜀经济的发展、成都的繁荣和物产的丰富带来了饮食业的兴旺，这就是杨雄在《蜀都赋》里说的：“若夫慈孙孝子，宗厥祖祢，鬼神祭祀……乃使有伊之徒，调夫五味。甘甜之和，勺药之羹。江东鲐鲍，陇西牛羊。粂米肥猪，麃麈不行。鸿貘獞乳，独竹孤鸧。炮鸮被纰之胎，山麇髓脑。水游之腴，蜂豚应鴈。被鴳晨凫，戳鶂初乳。山鹤既交，春羔秋鄜。脍鮻龟肴，秔田穤鷩，形不及劳。五肉七菜，朦猒腥臊，可以练神、养血脈者，莫不毕陈。”及具有珍稀野禽野兽“五肉七菜”的宴菜。可见当时巴蜀地区的饮食原料已是来自全国各地，集水陆之精华。真是汇纳百川，兼收并蓄啊！

有这难以胜数的美酒佳肴，上层社会每每大宴宾客，其豪华奢侈的场面正如杨雄《蜀都赋》中描述的那样：“……置酒乎荥川之闲宅，设坐乎华都之高堂，延帷扬幕，接帐连岗。众器雕琢，早刻将皇。”与此同时，“厥女作歌，是以其声，呼吟靖领，激呦喝啾，户音六成……舞曲转节，踃駁应声。”富贵之家的酒宴是何等的精美讲究。

杨雄是最早对四川的烹饪原料，烹饪技术、菜肴、宴会以及家乡饮食进行较为系统的描述者。他的《蜀都赋》，对后人研究汉代的烹饪，尤其是四川的饮食文化提供了重要的文献资料。

2. 曹植：豆浆诗人

曹植，三国时魏诗人，字子建，与曹丕皆为魏武帝曹操之妻卞氏所生。曹植自幼颖慧，才思敏捷，善作诗文，“言出为论，下笔成章”，深得曹操宠爱，曹操曾认为曹植在诸子中“最可定大事”，几次欲立为太子。然而曹植“任性而行，不自彤励，饮酒不节”。他的行为放任，屡犯法禁，饮酒大醉而误战事，引起曹操震怒，便不立其为太子。曹植不以为意，仍终日与富家子弟斗鸡走马、射猎饮宴，过着豪华放纵的生活。在《名都篇》中，他描绘了自己少年时代的生活：“宝剑直千金，被服丽且鲜。斗鸡东郊道，走马长楸间……左挽因右发，一纵两禽连……归来宴平乐，美酒斗十千。脍鲤臇胎澳，炮鳖炙熊蹯。鸣俦啸匹侣，列坐竟长筵。”是说筵宴上美酒价贵，鲤鱼脍、纷鱼汤、爆炒的甲鱼、烤制的熊掌更是味道鲜美，人们呼朋唤友，尽情欢乐，不知什么是忧愁。而他的兄长曹丕则颇能矫情自饰，热衷权术，终于在储位斗争中渐占上风，并于建安二十二年得立为太子。

曹操去世，曹丕继位为魏文帝后，曹植便从一个过着优游宴乐生活的贵公子，变成处处受限制和打击的对象。曹丕嫉妒曹植的才学和往日曹操对他的宠爱，唯恐曹植生异心，便暗中使人奏“植醉酒悖慢”，欲治其罪，屡次改其封号而仍不放心。在曹植改封为东阿王时，曹丕与臣僚商议出一个杀死曹植的计谋。《世说新语·文学》载，曹丕曾命令曹植：“你尝自夸‘出言成论，下笔成章’，今日就令你在七步内成诗一首，如果作不成的话，就处死你。”曹植初听，颇为惊恐，但片刻之后便镇定下来，一步一句地从容吟道：“煮豆持作羹，漉豉以为汁。萁向釜下燃，豆在釜中泣。本是同根生，相煎何太急？”曹丕听后，深感惭愧，最终没有杀害他，而是又将他改封为陈王。

曹丕病逝，曹睿继位，曹睿对他仍严加防范和限制，曹植终因不能施展才华，郁郁寡欢而死。

曹植的煮豆诗表达了诗人情感由平缓到迸发，口吻是既委婉又深沉，讥讽之中有提醒又有规劝。以萁豆相煎，比喻骨肉相残，生动浅显。因此诗在七步内完成，故称作《七步诗》。在民间，这首诗通常以四句的形式流传着：“煮豆燃豆萁，豆在釜中泣；本是同根生，相煎何太急？”

3. 左思：川菜票友

左思，字太冲，临淄（今山东淄博市）人，西晋文学家。他口讷却辞藻壮丽，不好交游。少时学书与音乐不成，其父认为他笨，左思受到刺激，发愤勤学。当其妹左棻被选入宫后，他也移家京师。

左思为写《三都赋》，广泛搜集资料，翻阅方志典籍，游历三国旧都，历经十个寒暑，在洛阳创作出雄浑精深的《三都赋》：《蜀都赋》、《魏都赋》、《吴都赋》。赋成之后，他请当时享有盛誉的皇甫谧等人阅读，深得他们的称道，并写了序。不久，卫权也为其赋作《略解》，序中充分评价了《三都赋》的特点：“余观三都之赋，言不苟华，必经典要，品物殊类，禀之图籍；辞义瑰玮，良可贵也。”当时名声远播的陆机也想作此赋，听说左思已作，颇为蔑视，称其只能拿来盖酒瓮。但读了左思之文后，叹服不已，认为自己无法超过，遂停笔不写。一时间，举国轰动，豪贵人家争相传抄，使得纸张供不应求，纸价为之上涨，留下“洛阳纸贵”的千古佳话。

左思在《蜀都赋》中颇为细致地描述了巴蜀的物产、山川、风俗等。他对巴蜀的物产分别从南北东西四方加以详细描述，南面“旁挺龙目，侧生荔枝，布绿叶之萋萋，结朱实之离离”；北面“嘉鱼出于丙穴，良木攒于褒谷”；东面“则有巴菽巴戟，灵寿桃枝，樊以莿圃，滨以盐池”；西面“家有盐泉之井，户有橘柚之园”，水果有林檎枇杷、桃橘梅李等，可以说“百果甲宅，异色同荣”，“朱樱春熟，素奈夏成”，“蒲陶乱溃，若榴竞裂，甘至自零，芬芬酷烈”，蔬菜“则有蒟蒻茱萸，瓜畴芋区”，水产则“鳣鲔鳟鲂，鮷鳢鲨鲿，差鳞次色，锦质报章，跃涛戏濑，中流相忘”，物产十分丰富。

左思在《蜀都赋》中也描绘了当时富贵之家的宴饮生活：“若其旧俗，终冬始春，吉日良辰，置酒高堂，以御嘉宾。金垒中坐，肴隔四陈，觞以清醥，鲜以紫鳞。羽爵执竞，丝竹乃发。巴姬弹弦，汉女击节。起西音于促柱，歌江上之飙厉。纡长袖而屡舞，翩跹跹以裔裔。合樽促席，引满相罚。乐饮今夕，一醉累月。”可见当时巴蜀地区富贵之家的饮食已达到了相当精美、相当讲究的程度。

左思的《蜀都赋》，中所记载的大量物产及食俗，都是后人研究巴蜀地区的饮食、烹饪史，乃至中国烹饪史可以凭据的宝贵资料。

4. 张华：白鱼伯乐

张华，字茂先，范阳方城（今河北固安南）人，西晋大臣、文学家。历任中书令、散骑常侍，排除异议，力劝武帝定灭吴之计。他才思敏捷，博闻强记，被时人推举为当世第一。

一次，在宴会上陆机送鲊肉给他品尝，他打开盛器一看，便说：“这是龙肉。”周围的人很惊讶，仔细观看后，觉得与普通鲊肉没有什么不同。张华说：“请拿醋来洗濯，一定会有异样出现。”洗濯后果然这鲊肉泛起五色光彩。陆机回去便问送鲊肉的人，那人说：“我在园中得一白鱼，质状异常，便作成鲊肉，食之非常美妙，特奉献给你品尝。”白鱼不是龙，也许世上根本就没有龙，龙只是存在于人们的传说之中，但这白鱼确实不同于一般鱼类，张华能一眼看出，也说明了张华的博学多识。

张华诗写得好，描绘饮食筵宴也不忘把宴席置于风景如画的大自然之中，给人一种感觉和视觉上的美。读张华的诗，真是大享受。

上巳节时，他与友人郊游，水边设宴，写下了《上巳篇》，诗云："飞轩游九野，置酒会众宾。临川悬广幕，夹水布长茵。……伶人理新乐，膳夫烹时珍。八音硼。肴俎从横陈。妙舞起齐赵。悲歌出三秦。春醴逾九酝，冬清过十旬。盛时不努力，岁暮将何因。"多么美的一副春景野炊图啊！

冬季降临，风寒雪冷，茫茫原野一览无余，正是狩猎的好时机。张华偕友至山野围猎，以猎获的野味就地设宴，写下了《游猎篇》："野飨会众宾，玄酒甘且旨。燔炙播遗芳，金觞浮素蚁。珍羞坠归云，纤肴出渌水。四气运不停。"

张华的诗中有歌舞，有美酒，有山珍野味，有豪放狂饮，也有礼仪法度。他抨击奢侈浮华和荒淫放纵的行为。如《游猎篇》写道："游放使心狂，覆车难再履。伯阳为我诫，检迹投清轨。"《轻薄篇》写道："末世多轻薄，骄代好浮华。志意既放逸，赀财亦丰奢。被服极纤丽，肴膳尽柔嘉。童仆余粱肉，婢妾蹈绫罗。""盘案互交错，坐席咸喧哗。簪珥或堕落，冠冕皆倾邪。醑饮终日夜，明灯继朝霞。绝缨尚不尤，安能复顾他？留连弥信宿，此欢难可过。"

张华有关宴饮方面的诗文在一定程度上反映了晋代的饮食和生活状况。

5. 束皙：饺子崇拜者

束皙，西晋文学家，字广微，阳平元城（今河北大名）人。博学多才，通古文字，官至尚书郎。著有《三魏人士传》、《五经通论》、《七代通记》等，也曾因写《劝农赋》和《饼赋》，遭到时人的鄙薄，认为他写的是士大夫所不当写的文章。然而，《饼赋》一文无论从史料价值还是从文学价值而言，都是值得称道的，它是我国第一篇讴歌面食的文学作品。

束皙在《饼赋》里面描绘了豚耳、狗舌、薄壮、起溲、牢丸等十余个品种，将它的色、香、味、形，介绍的淋漓尽致。

束皙在文章中写到一年四季不同的季节里，宜食不同的面食，“三春之初，阴阳交际，寒气既消，温不至热，于时享宴，则曼头宜设。炎律方回，纯阳布畅，服絺饮水，随阴而凉，此时为饼，莫若薄壮。商风既厉，大火西移，鸟兽毨毛，树木疏枝，肴馔尚温，则起溲可施。玄冬猛寒，清晨之会，涕冻鼻中，霜成口外，充虚解战，汤饼为最。”即春天寒气初消，宜食“曼头”；夏天炎热无比，宜食“薄壮”；秋风萧瑟，则“起溲”最佳；冬日霜雪严寒，最宜食热气腾腾的“汤饼”，也就是面条。这四种面食“皆用之有时，所适者便。苟错其次，则不能斯善。”

不同的季节里有不同的最适宜的面食，也有适宜四季皆食的“牢丸”。束皙在《饼赋》中说：“可以通冬达夏，终岁常施，四时从用，无所不宜，惟牢丸乎？”他还极详尽地描述了牢丸的用料及制作过程：“尔乃重罗之麸，尘飞雪白，胶黏筋韌，水液濡泽。肉则羊膀豕肋，脂肤相半，脔若绳首，珠连砾散。姜株葱本，手缕切判。辛桂锉末，椒兰是畔。和盐漉豉，揽合胶乱。于是火盛汤涌，猛气蒸作，攘衣振掌，握搦拊搏。面弥离于指端，手萦四而交错，纷纷驭驭，星分雹落。笼无进肉，饼无流面。”这种“牢丸”是用肉末拌上姜、葱、桂子、花椒、泽兰、豉汁、盐作馅心，包上面皮蒸制而成的。其口感和形色俱佳，“姝偷咧敕，薄而不绽。柔柔和和，腠色外见。弱如春绵，白如秋练。气勃郁以扬布，香飞散而远遍。”它皮薄透明，柔软洁白，香气四溢，使得品尝者急切地“伸要虎丈，叩膝偏据，盘案才投而辄尽”，一笼接着一笼地吃，直到“三笼之后，转更有次”；而未能品尝者则垂涎三尺，“行人失涎于下风，童仆空嚼而斜眄。擎器者眠唇，立侍者干咽”。

这“牢丸”就是我们今天所食用的饺子一类的食品。束皙在《饼赋》中使用了如此生动、传神的语言，可见他对“牢丸”的推崇倍至。

6. 杜甫：绵阳鲂鱼代言人

杜甫，盛唐大诗人，字子美，原籍湖北襄阳，生于河南巩县一个具有悠久传统的官僚世家。家庭给予他正统的儒家文化教养和务必要在仕途上有所作为的雄心。他有“致君尧舜上，再使风俗淳”的宏伟抱负。天宝年间，他去长安应试求官，未能及第，又遇父亲去世，便陷入困境，客居长安十年。

天宝十四年，他离开长安到奉先（今陕西蒲城县），探望寄居在那里的家人。途经骊山时，看到玄宗和大臣们在进行奢侈的宴会，回到家中却见幼子饥饿而死。他悲愤至极，写下了《自京赴奉先县咏怀五百字》。诗中写道：“朱门酒肉臭，路有冻死骨。”这震撼人心的诗句。这是最高统治集团醉生梦死的情状与民间饥寒交迫困境的鲜明对照。在《丽人行》中他这样描绘杨国忠、杨贵妃兄妹豪华的饮宴场面：“紫驼之峰出翠釜，水精之盘行素鳞。犀箸厌饫久未下，鸾刀缕切空纷纶。黄门飞鞚不动尘，御厨络绎送八珍。”这首诗揭露了统治集团的穷奢极欲的生活。

杜甫晚年漂泊于四川，在绵州观人捕鱼，作《观打鱼歌》：“绵州江水之东津，鲂鱼鱍鱍色胜银。渔人漾舟沉大网，截江一拥数百鳞……鲂鱼肥美知第一，既饱欢娱亦萧瑟。”他喜爱岷山下的芋羹，《赠别贺兰铦》诗有“我恋岷下芋”之句，也赞赏雅安的雅鱼（即丙穴鱼），《将赴成都草堂，途中有作，先寄严郑公五首》云：“鱼知丙穴由来美，酒忆郫筒不用酤。”他还喜欢品尝四川的美酒，有《狂歌行赠四兄》诗云：“今年思我来嘉州，嘉州酒香花绕楼。楼头吃酒楼下卧，长歌短咏迭相酬。”他还高度评价了川酒与川菜，在《戏题寄上江中王三首》诗里说：“蜀酒浓无敌，江鱼美可求。”

杜甫对屈辱的生活处境十分敏感。滞留长安及漂泊西南时期，杜甫不得不寄人篱下，仰仗权势者的济助。他在诗中写道：“朝扣富儿门，暮随肥马尘，残杯与冷炙，到处潜悲辛！”（《奉赠韦左丞丈二十韵》）“苦摇求食尾，常曝报恩腮……休为贫士叹，任受众人咍。”杜甫豪放狂野的性格虽然因大半生的困苦磨难有所改变，但他忧国忧民、热爱生活的激情始终贯穿在他的诗句里。他自称“性豪业嗜酒，嫉恶怀刚肠”，“饮酣视八极，俗物都茫茫”。

7. 岑参：烤全羊歌手醉后作

岑参，唐代诗人，原籍南阳（今属河南）人，后迁居江陵（今属湖北），出身于官宦人家，小时候家中贫穷，却学习刻苦，遍读了经史，天宝三年中进士，两次出塞任职。曾授右率府兵曹参军。天宝八年，随高仙芝到安西、武威，为掌书记，后又往来于北庭、轮台间。官至嘉州刺史。

他第一次到西北边陲时，看到当地十分恶劣的自然环境，又想到从军征战的艰难，禁不住心生感慨，举笔写下了《走马川行奉送封大夫出师西征》一诗，诗中写到：“君不见走马川，雪海边，平沙莽莽黄入天。轮台九月风夜吼，一川碎石大如斗，随风满地石乱走。”

然而，就是在这样恶劣的自然环境之下，岑参和其他将士们一样，为了保卫国家领土的完整，克服了种种意想不到的困难，顽强地生活下去。

军中生活单调乏味，但随着时间的推移，将士们的饮食生活及风俗习惯也逐渐和当地人民融入到一起，有时也进行军民一家的宴饮，宴会也就有了独特之处。岑参在《与独孤渐道别长句兼呈严八侍御》诗中描述道：“军中置酒夜挝鼓，锦筵红烛月未午。花门将军善胡歌，叶河蕃王能汉语。”如果说这首诗的描述还不够代表性的话，那么《酒泉太守席上醉后作》可以说更详尽地记述了军旅中的宴会场面：“琵琶长笛曲相和，羌儿胡雏齐唱歌。浑炙犁牛烹野驼，交河美酒归叵罗。”宴会上，当地的少数民族弹起了琵琶吹响了长笛，大家在这美妙的歌乐声中品尝着具有西北特色的烤全牛与烹野驼，畅饮着当地酿制的交河酒。读罢此诗，人们的眼前所呈现的，是一幅多么美妙的西北军中宴饮图啊！

读岑参的诗，总有一种美感萦绕在我们的心头。他的笔下，祖国边疆雄浑辽阔，风景奇异瑰丽，人民辛勤善良，生活安逸。但是，与那些美妙的诗情画意相随在一起的，也有一缕缕远别故乡的淡淡乡愁。

在《冀州客舍酒酣贻王绮寄题南楼时王子欲应制举西上》里，岑参写道：“客舍梨花繁，深花隐鸣鸠。南邻新酒熟，有女弹箜篌。醉后或狂歌，酒醒满离忧。主人不相识，此地难淹流。”

尽管将士们在从军边陲的艰苦环境里，逐渐适应了当地的生活，但是，每当夜深人静的时候，他们常常难以抑制自己思念家乡与远方的亲人，这么一种思乡之情，往往是在醉酒之后流露出来的。为此，在他们的每一次军营宴会上，常常在接近尾声的时候，不知不觉便笼罩着一种无限悲凉的气氛。这么一种悲凉的气氛，或许在岑参的《酒泉太守席上醉后作》一诗中，体现得更加分明：“酒泉太守能剑舞，高堂置酒夜击鼓。胡笳一曲断人肠，座上相看泪如雨。三更醉后军中寝，无奈秦山归梦何。”自然，诗中情景所展示的，无疑是岑参在酒泉太守举行的宴会后自我表现的真实写照。

8. 韩愈：潮州菜死党

韩愈，字退之，河南南阳人，唐代文学家、诗人。自小用功读书，想着有朝一日能得到朝廷的重用。贞元年中进士，官至监察御史，因上书言事，贬阳山（今广东阳山县）令。唐宪宗时，因劝谏佛骨之事，被贬为潮州刺史。后来官位升至吏部侍郎。

韩愈初到潮州时，见到当地所食之物多为海产品，有外形十分像古代惠文冠，眼睛长在背上的鲎鱼；有外壳互相粘连在一起，一堆一堆像小山一样的牡蛎；有眼睛长在背上，口长在肚子上，尾巴像一条蛇的海鳐鱼；有虾蟆、江瑶柱、马甲柱、章鱼等，十几种奇形怪状的东西。这于从小就生活在北方，以食面食、家禽为主的韩愈极不适应。这位对饮食文化本不感兴趣的大文学家，也因此破天荒第一次写下了《初南食贻元十八协律》这首描写潮州饮食的诗歌，并赠予陪他一起南行的好友元十八。诗中既描写了烹饪原料的形状，也叙述了初尝的感受，他写道：“鲎实如惠文，骨眼相负行。蚝相粘为山，百十各自生。蒲鱼尾如蛇，口眼不相营。蛤即是虾蟆，同实浪异名。章举马甲柱，斗以怪自呈。其余数十种，莫不可叹惊。我来御魑魅，自宜味南烹。调以咸与酸，芼以椒与橙。腥臊始发越，咀吞面汗骍。”鲎也称鲎鱼，是介类的一种。蚝为牡蛎。蒲鱼即海鳐鱼。章举即章鱼。马甲柱为江珧柱、鲜贝。数十种海洋生物，没有一样不令韩愈感叹吃惊的。他说，我来潮州管理这一方水土，自然要品尝当地的饮食。这里的菜肴多调制的咸和酸，食物蘸以辣椒或橙酱。开始食用时，腥臊味越来越浓，使我咀嚼吞咽得面色赤红、汗流浃背。最使他无法食用的是蛇，他说：“惟蛇旧所识，实惮口眼狞。开笼听其去，郁屈尚不平。”意思是说：只有蛇是我原来就认识的，但它狰狞的面孔实在令人恐怖。开了笼子随意它爬去，可它却神情抑郁，好像受了很大的委屈。

后来，韩愈对南方饮食渐渐地尝试着去适应。如对虾蟆，由最初不能下咽变为稍稍能入口。在《答柳柳州食虾蟆》诗中，他说：“虾蟆虽水居，水特变形貌。强号为蛙蛤，于实无所校……居然当鼎味，岂不辱钓罩。余初不下喉，近亦能稍稍。常惧染蛮夷，失平生好乐。而君复何为，甘食比豢豹。”如此看来，韩愈的适应能力远不如好友柳宗元啊！

韩愈用《初南食贻元十八协律》这首诗，具体记述潮州地区在唐朝时期的饮食原料，形象地描述自己作为北方人对南方饮食的感受，更反映了当时南北饮食的极大差异，也给今天研究当初潮州一带饮食的工作者，提供了不可多得的宝贵资料。

9. 王元之：药膳倡导者

王元之，宋代诗人、散文家，济州巨野（今属山东）人，太平兴国八年的进士。出身贫寒，学习用功，又才思敏捷，多用诗歌反映当时的现实生活。曾任右拾遗、大理评事、礼部员外郎等职。以直言不讳、敢于劝谏为名。宋真宗时，参与修《太祖实录》，直书史事，为宰相所厌恶，又遭小人谗言诬告，被贬出京。后迁至蕲州

（今湖北蕲春县）。他为官清廉，关心民间疾苦；秉性刚直，不畏权势。一生中受到过三次贬官的打击。

他初到蕲州时，对当地流行的食品“甘菊冷淘”很感兴趣。在多次食用，又经一番详细了解之后，写下了《甘菊冷淘》这首诗。诗中写道：“淮南地甚暖，甘菊生篱根。长芽触土膏，小叶弄晴暾。采采忽盈把，洗去朝露痕。俸面新且细，溲牢如玉墩。随刀落银缕，煮投寒泉盆。杂此青青色，芳香敌兰荪。”诗里详细记述了“甘菊冷淘”的制作方法及特点，即将采摘来的新鲜甘菊榨出汁，和入面粉中揉成团，用刀切成细条，煮后投入“寒泉盆”。由于掺进了甘菊汁，所以“冷淘”其色青青，芳香浓郁，色香味俱佳。

冷淘，就是现代人经常食用的冷面。唐宋时人们喜爱用花、草、树的叶子榨汁和面。杜甫在西草堂时，曾作《槐叶冷淘》诗：“青青高槐叶，采掇付中厨。新面来近市，汁滓宛相俱。入鼎资过熟，加餐愁欲无。碧鲜俱照箸，香饭兼苞芦。经齿冷于雪，劝人投比珠……万里露寒殿，开冰清玉壶。君王纳凉晚，此消亦时须。”也曾见《唐六典》载：“太官令夏供槐叶冷淘。凡朝会燕飨，九品以上并供其膳食。”

总之，不管是宋代的冷淘，还是现代的冷面，都给人以充饥、营养和降温的作用。

10. 欧阳修：海鲜推销员

欧阳修，字永叔，号醉翁，北宋文学家，吉水（今属江西）人。他四岁的时候父亲就去世了，家境十分贫困，母亲为了让他学得知识，亲自用荻杆在地上教他识字读书。后来，欧阳修考取进士，在朝廷里作官，和范仲淹一样，位居副宰相。他支持范仲淹的政治改革，范仲淹被罢官，欧阳修不顾个人利害，愤然上书斥责有关权臣，他也因此受到连累而最终遭到贬谪。

在滁州任太守期间，每逢好的年景，欧阳修常常设宴与人对饮，为此，还特地修建了一座醉翁亭，并且在他书写的《醉翁亭记》里，对设宴饮酒的情景进行了描述："临溪而渔，溪深而鱼肥；酿泉为酒，泉香而酒洌；山肴野蔌，杂然而前陈者，太守宴也。宴酣之乐，非丝非竹，射者中，弈者胜，觥筹交错，起坐而喧哗者，众宾欢也。苍颜白发，颓然乎其间者，太守醉也。"

欧阳修喜爱饮酒，自称是"醉翁之意不在酒，在乎山水之间也。山水之乐，得之心而寓之酒也"。欧阳修的性情由此可见一斑。

在八年的翰林学士期间，欧阳修于编修史书之外的空余时间里，仍然对饮食十分注意。一次，有人送给他一些海产品车螯，他一下子对它有了极大的兴趣。当时，京城里尽管有许多的水产品，但是海产品车螯仍属于珍稀之物。于是，他便将它兴致勃勃地烹成一道佳肴，并把梅尧臣等人邀请到家里来一起与他品尝。客人们也是第一次见到车螯这种东西，先是感到惊奇，紧接着便开始争相品尝起来，直吃得大家一个个兴奋异常。最后，大家把这车螯吃了个一干二净。

当时，欧阳修作了一首诗《初食车螯》：“累累盘中蛤，来自海之涯。坐客初未识，食之先叹嗟。五代昔乖隔，九州如剖瓜……于时北州人，饮食陋莫加。鸡豚为异味，贵贱无等差。自从圣人出，天下为一家。南产错交广，西珍富邛巴。水载每连舳，陆输动盈车。”其间的诗句，绘声绘色地描述了客人们初见车螯时的惊异，并由此联想到五代至宋南北各地馔肴变化，接着叙述了车螯这种海产品的形状和当人们吃到这种佳肴时的喜悦之情：“螯蛾闻二名，久见南人夸。璀璨壳如玉，斑斓点生花。含浆不肯吐，得火遽已呀。共食惟恐后，争先屡成哗。但喜美无厌，岂思来甚遐。”

欧阳修为第一次尝到车螯而作的这首诗，不仅把五代至宋时的一些饮食状况进行了一番描绘，而且也反映出人们的饮食生活与社会安定有着密不可分的关系。

11. 梅尧臣：歌咏象生菜

梅尧臣，字圣俞，宣城（今屑安徽）人，北宋诗人。宋仁宗时，官至尚书都官员外郎。

梅尧臣对诗歌颇有研究，同时也十分喜欢饮食，他是欧阳修最要好的朋友之一。两个人常常在一起饮酒作诗，并把他们所品尝过的美味一一记录在自己的诗歌里。在欧阳修的一次家宴上，当梅尧臣第一次品尝到了海产品车螯，也当即作了一首《永叔请赋车螯》给予称赞。在一次品尝了欧阳修送给他的银杏菜肴之后，他想起了自己的家乡宣城也出产这样的银杏，遂写下《永叔内翰遗李太博家新生鸭脚》一诗，诗中对银杏的形状、种植及食用等进行描述。诗中所说的“鸭脚”，指的便是银杏，因为银杏树的树叶长似鸭的脚掌，由此得名。

作为对饮食十分喜爱的梅尧臣，心里十分清楚，那些被人称道的佳肴，常常出自烹饪高手，于是，在赞美佳肴美味的同时，他也免不了去称赞那些技艺超凡的烹饪者。

有一年的年末，梅尧臣因为爱妻刚刚去世，服丧期还没有结束，所以他并无心给自己准备过年的物品。他的亲家便让家中的一名女子用酥酪制作了一盘“象生菜”，送给梅尧臣。

当梅尧臣看到送来的这盘“象生菜”，其间的花果、禽兽个个都栩栩如生，并有诗文点缀其中，互相之间配搭得十分巧妙，正如同一幅美妙鲜活的风景图。禁不住从心里连声喊好，而当他得知这道佳肴竟然出自一名女子之手时，更是惊叹万分。尽管由于丧妻之痛和客观上的原因，最终没有将它食用而转赠给了他人，但是，为了表达对象生菜及其制作者的赞赏，最后还是写就了一首《象生歌》酬谢亲家：“剪竹缠金大于掌，红缕龟纹挑作网。琼酥点出探春诗，玉刻小书题在榜。名花杂果能眩真，祥兽珍禽得非广。”

亲家得到了这首诗，心里自是十分熨帖。

12. 苏轼：绝恋油炸果

有关于苏轼与美食的佳话真是枚不胜举。

苏轼因“乌台诗案”而贬黄州时，任团练副史。这是一闲职，无须处理繁多的政务，使苏轼有了许多的闲暇。苏轼不仅利用这些时间游山玩水，吟诗作文，还广交朋友，与朋友一起宴饮也是常事。有一次，当地的一位何秀才请他赴宴，宴会上，一种非常酥的油炸果引起了他的兴趣，他一边品尝一边问主人：“这叫什么名字呀？”

何秀才说："这是今天偶然制作的，还没有名字。"苏轼又问："它为什么是酥的呢?"主人回答了酥的原因后，就请苏轼及众宾客为这油炸果命名。有人随口说："哪里还需要绞尽脑汁命名，那'为什酥'便是极好的名字!"众人听了互相看看，微笑着点点头，认为这名字好。

一天，苏轼迈步于庭院中，抬头看看天色已近用餐时分，忽然想起那日吃过的油炸果，禁不住馋虫发作。多么香甜可口啊！要是马上能吃到嘴里多过瘾啊。眼见阶前鲜花盛开，草木葱绿，更是诗兴大发，心想："何不作首诗求油炸果呢?"于是提笔写道："野饮花前百事无，腰间唯系一葫芦。已倾潘子错著水，更觅君家为什酥。"

何秀才见到苏轼的诗，马上命人制作了上好的油炸果送去。

苏轼的这首求食诗，后人曾在《竹坡诗话》中说："东坡云：'街谈市语，皆可入诗，但要人熔化耳。'此诗虽一时戏言，观此，亦可以知其熔化之功也。"

13. 张耒：呼吁喝粥的高官

张耒，字文潜，号柯山，楚州淮阴（今属江苏）人，北宋文学家。神宗熙宁年间进士，官至太常少卿。后被指为元佑党人，屡遭贬谪。晚年居住陈州，更务平淡。他为苏门四学士之一，善作诗文，有《宛丘集》等行世。

张耒一生清贫，生活中喜爱喝粥。他认为喝粥对人体大有好处，还专门写了一篇《粥记》用来说明。文中记述："每日起，食粥一大碗，空腹胃虚，谷气便作，所补不细，又极柔腻，与肠胃相得，最为饮食之妙诀。"他不仅分析了每天早晨喝粥的原因和粥对人体的作用，还举出实例加以证明："齐和尚说山中僧，每将旦一粥，甚系厉害。如不食，则终日觉脏腑燥涸。盖粥能畅胃气，生津液也。大抵养生求安乐，亦无深远难知之事，不过寝食之间尔。故作此劝人每日食粥，勿大笑也。"

粥，古时称糜。其实我国已有几千年的食粥历史，古代医学书籍如《千金方》、《食疗本草》以及《本草纲目》等，都有用粥治病的记载。清代名医王士雄在《随息居饮食谱》中把粥誉为"世间第一补人之物"。南宋诗人陆游也有一首《食粥》诗，诗中写道："世人个个学长年，不悟长年在目前。我得宛丘平易法，只将食粥致神仙。"

如今人们越来越明白了喝粥的好处。粥的种类也越来越多，在人类生活不断提高的今天，粥，仍是人类健康长寿必不可少之物。

14. 范成大：抵制河豚

范成大，字致能，吴郡（今江苏苏州市）人，南宋诗人。自幼受到良好的教育，遍读史书，善为文章。宋高宗绍兴年间进士，历任处州知府、知静江府兼广南西道安抚使、四川制置使、参知政事等职。晚年隐居苏州石湖，号称石湖居士。

范成大为官清正廉洁，勤于政务，体恤民情，一生写下了许多赞美祖国大好河山、反映民间疾苦的文章。在出使金国的途中，他不仅写诗记述了沿途各地的山川、风俗和民情，也描述了当地人的饮食。如《西瓜国》、《内丘梨园》、《燕宾馆》等就是这类诗篇。后来，他到四川任职，还作了《入秭归界》、《夔州竹枝歌》等与饮食有关的诗，他的一些饮食生活和四川的饮食品种及食俗在这些文章中都有记载。后来他隐居苏州石湖，作《四时田园杂兴》诗六十首，其中有十几首描写了他与当地百姓的饮食生活。

有一次，范成大在朋友家尝到浙江黄岩鱼蚱，觉得非常好吃，赞不绝口。几天后想起来，仍觉得回味无穷，于是写下《从圣集乞黄岩鱼蚱》一诗，送给那位朋友："截玉凝膏腻白，点酥粘粟轻红。千里来从何处？想看船浪帆风。"朋友看了这首诗，开怀大笑起来，随即便把一些鱼蚱送给了范成大。

范成大认为饮食是为了生命的需要，美食更是为了身体的健康，再美的食物也不应为此去冒生命危险。宋代，人们把河豚当作美味佳肴争相食用，要知道，河豚对人是有危害的，甚至有人因为食用了河豚肉而丧生。范大成便作《河豚叹》规劝说："彭亨强名鱼，杀气孕惨黩。既非养生具，宜将砧几酷。"但是，人们不听规劝，仍大肆捕捞、烹食。他又说："吴侬真差事，纲索不遗育。捐生决下箸，缩手汗童仆。朝来里中子，馋吻不得熟。浓睡唤不应，已落新鬼录。"对食用了河豚而死去的人慨叹道："百年三寸咽，水陆富肴蔌。一物不登俎，未负将军腹。为口忘计身，饕死何足哭。"

范成大以此诗苦苦劝说世人，并抒发了对当时人们食用河豚的感慨，坦白地阐述了自己的观点。这无论对当时还是对现在的人们来说，都具有十分重要的现实意义。

15. 陆游：炖棒骨高手

陆游，字务观，自号放翁，山阴（今浙江绍兴）人，12 岁就能写得一手好诗文，一生著述丰富。陆游具有多方面的文学才能，尤其以诗的成就为最大，曾说："六十年间万首诗。"

陆游在乾道六年时，到四川任夔州通判，对四川丰富的物产、纯朴的民情和众多的饮食种类，非常喜爱，曾多次把当地的饮食写入诗中加以赞美。在《饭罢戏作》诗中，他这样叙述和赞美成都的美味：“东门买彘骨，醯酱点橙薤。蒸鸡最知名，美不数鱼蟹。轮囷犀浦芋，磊落新都菜。”

陆游这位伟大的爱国主义诗人，不仅在他的诗中、生活中处处表现出大丈夫气概，在很多时候也会吐露身在异地思念家乡的儿女情肠。家乡的山，家乡的水，家乡的父老兄弟还有那从小吃惯了的家乡饮食，都可在他的诗中找到。“船头一束书，船后一壶酒。新钓紫鳜鱼，旋洗白莲藕。”这是《思故山》里的诗句。“鲈肥菰脆调羹美，麦熟油新作饼香。”这是《初冬绝句》里的诗句。他说，用鲈鱼和茭白做的羹，用新榨的油煎的麦饼，都使他念念不忘。

陆游在四川任职十年后回到江南。这位多年远离故乡的诗人看到家乡的一草一木激动万分，家乡的一切都是那么美！街坊邻居置办美酒佳肴款待他，陆游又品尝到了家乡的美食，并作诗《戏咏乡里食物示邻曲》：“茗芽落硙压北苑，药苗入馔逾天台。明珠百舸载芡实，火齐千担装杨梅。湘湖莼长涎正滑，秦望蕨生拳未开。箭萌蟄藏待时雨，桑蕈菌蠢惊春雷。稷花蒸煮蘸醯酱，姜茁披剥腌糟醅。细研罂粟具汤液，湿裹山芋供炮煨。老馋自觉笔力短，得一忘十真堪咍。”

陆游在家乡也时常思念起自己曾生活工作过多年的四川，以及四川的饮食。在《冬夜与溥庵主说川食戏作》诗中，他向人叙说了大巢菜、小巢菜、龙鹤菜、木鱼子、索饼、馈饭、土茗等，具有四川乡土风味十足的野菜、茶饭，并说：“东来坐阅七寒暑，未尝举箸忘吾蜀。”另外，还在两首《思蜀》诗中这样写道：“玉食峨眉栮，金齑丙穴鱼”，“未死旧游如可继，典衣犹似醉郫筒”。

陆游一生著述颇丰，仅涉及到饮食的诗篇就达百首之多，为后人了解南宋时期的生活饮食，提供了丰富的资料。

16. 汪元量：恨满胡羊肉

汪元量，字大有，号水云，钱塘（今浙江杭州）人，南宋末诗人、词人。宋高宗时，为宫廷琴师。恭宗德祐二年，元军攻陷临安，宋朝太皇太后请降。元朝丞相伯颜协迫宋朝君臣北上迁徙燕京，他随同前往。

君臣一行在离开京城，沿运河北去的途中，艰难跋涉，无边的旷野，茫茫的古道，萋萋的荒草，还有不断的风雨侵袭，使这一行亡国之人痛苦倍至。一路上饭菜和着泪水难以吞咽。后来汪元量在《湖州歌》二十五首里描述道：“风雨声中听歌，山野馔奈愁何。雪花淮白甜如蜜，不减江珧滋味多。”在三十三首里也有这样的描述：“不堪回首泪盈盈，万里淮河听雨声。莫问萍齑并豆粥，且餐麦饭与鱼羹。”

汪元量一行人抵达元朝大都后，元朝皇帝、大臣和后宫嫔妃们，纷纷以胜利者的身份宴请他们。宴会上，主人得意洋洋，尽情欢笑，数不清的美酒佳肴，看不完的歌舞百戏，而沦为阶下囚的汪元量却忍受着莫大的屈辱，面对这金杯银盏稀世珍肴难以下咽。在他的诗里有关那宴会的场面如此记载：“驼峰割罢行酥酪，又进雕盘嫩韭葱”，“金盘堆起胡羊肉，乐指三千响碧空”，“杏浆新沃烧熊肉，更进鹌鹑野雉鸡”，“第九筵开尽帝妃，三宫端坐受金卮。须臾殿上都酣醉，拍手高歌舞雁儿。”

汪元量被束缚在北方十多年，后来作为黄冠道士回到南方。他的诗记录了南宋消亡前后的史实。

17. 耶律铸：八珍诗人

耶律铸，字成仲，号双溪，契丹王族后裔，元朝大臣。自幼聪敏，喜爱写诗做文章，尤其善于骑马射箭。他的父亲耶律楚材死后，他嗣领中书省事，随宪宗征伐蜀地，多次献计，攻下城池。宪宗死后，归向忽必烈。忽必烈拜他为中书左丞相，奉诏防御蒙古一带，打败叛将阿里不哥。

有一次，耶律铸有事去宜都（今湖北宜都县），当地的官员设宴招待他，宴席上，人们谈起往昔的征战岁月，谈起征战途中的饮食，有人问他："听说你的军中最有名的菜肴叫做行帐八珍。这是些什么菜肴，为什么如此命名呢?"耶律铸沉吟了一下，回答说："行帐八珍，就是行军出征途中烹调食用的八种美味食品，即醍醐、麆沆、驼蹄羹、驼鹿唇、驼乳糜、天鹅炙、紫玉浆和玄玉浆。"在大家的好奇和追问中，他还详细地介绍了制作方法。

耶律铸回到京城，又有人问起这个问题，这次一下触动了他的情怀，往日那驰骋疆场、奋勇杀敌的场面如在眼前。征战途中，边疆人民纷纷捧出自家的美酒佳肴，与他们同饮共食，满桌的带有民族特色的菜肴飘香四溢，他仿佛又回到了那诱人的餐桌旁。耶律铸回到书房满怀深情的写下了《行帐八珍诗》，描述和称赞了其中的部分佳肴。

《行帐八珍诗》是组诗，共五首。第一首描述他与众人对美味醍醐的喜爱，诗中写道："众珍弹压倒淳熬，甘分教人号老饕。饕大名非痴醉事，待持杯酒更持螯。"第二首题为《麆沆》，序中指出，"沆"即马奶酒，并叙写了它的历史及制法，还赞美了它的风味："玉汁温醇体自然，宛然灵液漱甘泉。要知天乳流膏露，天也分甘与酒仙。"第三首咏的是"驼蹄羹"。它是用康居国以南、伊犁以西沙漠中产的野骆驼蹄制成的羹，风味绝美。耶律铸在诗中赞道："独擅千金济美名，飡缘遗味更腾声。不应也许教人道，众口难调傅说羹。"第四首叙写的是"驼鹿唇"。驼鹿是一种鹿属的兽，角似鹿，尾似驴，颈似骆驼，蹄似牛，俗称四不像。他在序中说："驼鹿，北中有之，肉味非常，唇殊绝美，上方珍膳之一也。”其诗赞道：“麟脯推教冠八珍，不甘滕口说猩唇。终将此意须通问，曾是和调玉鼎人。”最后一首赞美的是“软玉膏”，也叫“柳蒸羊”：“赤髓熏蒸软玉膏，不消割切与煎熬。是须更可教人笑，负鼎徘徊困鼓刀。”软玉膏虽然没有罗列在他自叙的“行帐八珍”中，但它是元代颇具特色的名肴，有时也作为“行帐八珍”中某一菜肴的替代品。

耶律铸以亲身经历为依据，较详细地描叙和赞美了行帐八珍的品种和风味，为后人了解蒙古族的饮食生活，研究八珍席的发展提供了重要史料。

18. 杨允孚：汤羊菜谱作者

杨允孚，字和吉，吉水（今属江西）人，曾在元朝宫廷供职。

杨允孚耳闻目睹了当时上都（滦京蒙古族）人的生活，于是有感而发写下组诗《滦京杂咏》。这组诗中的一部分诗作，叙述了元代宫廷的各种宴会及饮食。例如每年的端午节，宫里都要摆设盛宴。杨允孚由此记述道：“蒲萄万斛压香醪，华屋神仙意气豪。酬节凉糕犹未品，内家先散小绒绦。”意思是说，人们非常重视端午节，除食用美酒、凉糕外，还将彩带系到脖子上用来避邪。六月初三，要举行“诈马宴”。这个宴会盛大而隆重，杨允孚写道：“千官万骑到山椒，个个金鞍雉尾高。下马一齐催入宴，玉阑干外换宫袍。”并在这首诗的末尾注释道：“每年六月三日诈马筵席，所以喻其盛事也。千官以雉尾饰马入宴。”而到了八月，宫里又要举行“马奶子宴”，杨允孚在记述其盛宴中写道：“内宴重开马湩浇，严程有旨出丹霄。羽林卫士桓桓集，太仆龙车款款调。”并作注：“马湩，马奶子也。每年八月开马奶子宴，始奏起程。太仆寺，掌马者。”

杨允孚从另一个侧面还记载了元代宫廷名肴——汤羊：“内人调膳侍君王，玉仗平明出建章。宰辅乍临阊阖表，小臣传旨赐汤羊。”诗末自注：“御前厨常膳有曰小厨房、大厨房。小厨房则内人八珍之奉是也，大厨房则宣徽所掌汤羊是也。由内及外，外膳既毕，群臣始入奏事。每汤羊一膳具数十六，餐余必赐左右大臣，日以为常。予常职赐，故悉其详。”由此可以看出，“汤羊”与“八珍”一样，是由许多的美味佳肴组成的，因为极为名贵，所以主要是供应皇帝食用，剩余的才赏赐给大臣们。

于《滦京杂咏》组诗中，杨允孚还写了许多涉及饮食的诗，如记述蒙古族百姓日常的饮食生活的：“紫菊花开香满衣，地椒生处乳羊肥。毡房纳实茶添火，有女褰裳拾粪归。”并在诗末自注道：“紫菊花惟滦京有之，名公多见题品。地椒草，牛羊食之，其肉香肥。纳实，蒙古茶。”把蒙古族的日常饮食生活栩栩如生地写了出来。

通过《滦京杂咏》及其诗注，杨允孚对元代饮食作了较为详细的记叙，给研究元代烹饪历史提供了重要的依据。

19. 谢应芳：歌颂豆制品

谢应芳，字子兰，号龟巢，武进（今属江苏）人。在江南一带德高望重。

谢应芳老年时，住在芳茂山。有一次，他到寺院拜访一名高僧，吃饭时分，高僧留他一起吃，他知道自己牙齿不好，不便在外面用饭，就准备谢绝，谁知高僧笑笑说，我知道您牙齿不好，特意制作了几样豆腐，既好吃又不需要费力咀嚼，您就留下来尝尝吧。

这顿豆腐饭菜吃得谢应芳老人高高兴兴，舒舒服服。为了答谢高僧，也为了给像他一样的老人提供一样既可口又有营养的饭菜，欣然提笔作了一首《豆腐诗》。他在这首诗的序言中写道："凡人年老者，以肉养之，古今一致。然老而无齿，则肉林之盛，禁脔之供，其如朵颐，何求其甘？软若豆腐者，真可谓养老之善物也。"诗中还描述了豆腐的制作过程及特殊的美味："谁授淮南玉食方，南山种玉选青黄。工夫磨转天机熟，粗渣囊倾雪汁香。软比牛酥便老齿，甜于蜂蜜润枯肠。当年柱史始知味，饮乳何窈窕娘。"

后来，谢应芳老人的家中常常精心烹制豆腐菜肴。白白嫩嫩的豆腐，不仅柔软可口，而且味道鲜美。老人觉得这豆腐越来越使他有精神，豆腐的作用一点也不亚于醍醐，于是将豆腐称为“素醍醐”，并以此为名作诗加以称赞。

诗中说：“世传淮南豆为腐，山僧野人尝厌饫。谁信穷居寂寞滨，街头买来如八珍。金茎无露石无髓，眼前蔑物堪为比。……腐兮腐兮能养老，济世之功不为小。……易名今号素醍醐，诸庖易牙金曰都。”

豆腐是豆制品的一种，在古代人们只知道它是最适宜老年人食用的食品，到今天，经过科学家的分析研究，已证实了豆制品是人们健康长寿不可多得的食品之一。豆腐也成了一些注重养生之人每天必食的一种菜肴。

20. 陈嶷：豆芽状元

陈嶷，字九峰，明代蒙城（今属安徽省）人。

宣德年间，朝廷为选贤良方正，遍招天下有忠心朝廷，立志报国的贤良人才进行考试应选。陈嶷前去应试。试题发下来，看到题目竟是《豆芽菜赋》，应试者无不感到意外，这菜中之小菜，谁也没想到会在出现在这挑选国家栋梁之材的试卷上。俗话说，豆芽菜是小菜一碟，登不了大雅之堂。看来这小菜这次还非要登大雅之堂不可。

陈嶷略作思索，提笔便写。他在铺陈了天下众多的珍奇美味之后，写道："有彼物兮，冰肌玉质。子不入于淤泥，根不资于扶植。金芽寸长，珠蕤双结，匪绿匪青，不丹不赤。宛讶白龙之须，仿佛春蚕之蛰。虽狂风疾雨，不减其芳；重露严霜，不凋其实。物美而价轻，众知而易识。不劳乎椒桂之调，不资乎刍豢之汁……涤清肠，漱清臆，助清吟，益清职。"他不仅写出了豆芽菜的生长、形态，还描述了它的品格与作用。形象生动，寓意深刻。

主考官看完了应试者写就的文章，认为陈嶷的最出色，就取他为第一名。

陈嶷得举贤良方正后，以他的才能破获了多起大大小小的案件，特别是那些疑案。后来得到杨士奇推荐，做了御史，巡按浙江。又因立有战功，升任陕西按察副史。

《豆芽菜赋》不但给予陈嶷治理国家、报效朝廷的机会，而且也给中国的饮食文化增添了一项新的内容。

21. 李流芳：西湖莼菜羹吹鼓手

李流芳，字长蘅，号泡庵，明代画家、文学家。晚年称慎娱居士，嘉定（今属上海市）人。有《檀园集》流传于世。

一次，他和几个朋友相约到杭州的西湖边游玩，看到几乎满城的人都聚集在这里采摘莼菜。湖里的莼菜碧绿鲜嫩，被人们采捞上岸，又肩挑背扛的运往萧山，在湘湖里浸泡、清洗，然后再运往集市上去卖。据说，西湖的莼菜要经过湘湖水的浸泡，才会味道鲜美。

李流芳和他的朋友们第一次见到莼菜，又被这浩大热闹的采摘场面所感染，就买下了一些拿回家去，家人按照他说的烹调方法进行制作。“柔花嫩叶出水新，小摘轻淹杂生气。微施姜桂犹清真，未下盐豉已高贵。吾家平头解烹煮，间出新意殊可喜。”这是李流芳诗中所记述的。

当做好的莼菜羹端上桌时，大家都惊叹它的色泽与馨香，瞪大了眼睛仔细地看，又眯起眼来深深地慢慢地吸气，仿佛这是一件供人赏心悦目的艺术品，谁也不忍去碰它一下，生怕它打碎了，变形了似的。李流芳对当时的情景是这样描述的：“琉璃碗成碧玉光，五味纷错生馨香。出盘四座已叹息，举箸不敢争先尝。”虽然大家谁也不忍拿起筷子来碰触这碗碧玉光，但它毕竟是供人们饮用的，所以，终究还是要品尝的。诗中写道：“浅斟细嚼意未足，指点杯盘恋余馥。但知脆滑利齿牙，不觉清虚累口腹。”诗的最后，李流芳还表达了大家的看法：“血肉腥臊草木苦，此味超然离品目。京师黄芽软似酥，家园燕笋白于玉。差堪与汝为执友，菁根杞苗皆臣仆。”认为莼菜可以与当时著名的黄芽菜、燕笋等媲美。

李流芳这首描述江浙人采食西湖莼菜场面，赞美莼菜羹色香味形的美妙诗篇叫《莼羹歌》，它使人们了解了明代莼菜的一种食用方法。

22. 张岱：大闸蟹形象代言人

张岱，字宗子，又字石公，号陶庵，浙江山阴（今绍兴）人。他出身官宦世家，却不曾作官，生性喜好山水，早年曾漫游苏、浙、鲁、皖等省，是明末清初著名的文学家。

他在代表作《陶庵梦忆》里，多次记述了自己的饮食生活，江南美食在他的笔下栩栩如生。

《蟹会》一则，详细记述了适宜食蟹的季节，食蟹的方法、蟹的风味特色及与友人蟹会中食蟹的情形。他说："食品不加盐醋而五味全者，为蚶，为河蟹。河蟹至十月与稻粱俱肥，壳如盘大……掀其壳，膏腻堆积，如玉脂珀屑，团结不散，甘腴虽八珍不及。一到十月，余与友人兄弟辈立蟹会，期于午后至，煮蟹食之，人六只，恐冷腥，迭番煮之。从以肥腊鸭、牛乳酪。"

《乳酪》一则中，更是详尽的描述了自己制作乳酪的方法，他说："乳酪自驵侩为之，气味已失，再无佳理。余自豢一牛，夜取乳置盆碗，比晓，乳花簇起尺许，用铜铛煮之，瀹兰雪汁，乳斤和汁四瓯，百沸之。玉液珠胶，雪腴霜腻，吹气胜兰，沁入肺腑，自是天供。”

乳酪的烹调和食用方法也是多种多样。张岱写道：“或用鹤觞花露以甑蒸之，以热妙；或用豆粉搀和，漉之成腐，以冷妙；或煎酥，或作皮，或缚饼，或酒凝，或盐腌，或醋捉，无不佳妙。”苏州过小拙的烹法则更妙：“和以蔗浆霜，熬之、滤之、钻之、掇之、印之，为带骨鲍螺，天下称至味。其制法秘甚，锁密房，以纸封固，虽父子不轻传。”

张岱自称有十几种嗜好，好美食就是其中之一，关于他记述的美食篇章很多，他游历江南数省，各省的饮食、特产可以说都有详细的记载。

23. 蒲松龄：山东煎饼代言人

蒲松龄，字留仙，号柳泉居士，清代文学家，山东淄川（今淄博市）人，著有传世之作《聊斋志异》。

他一生贫穷，教书、写文章都没能改变他的生活现状，家乡的煎饼是他赖以生存的主食，他喜爱煎饼，对煎饼情有独钟。他熟知煎饼的制作过程和多种使用方法，作有《煎饼赋》留于后人。

他在这首《煎饼赋》里，首先介绍了制作煎饼的主要原料和方法，由米和大豆掺水磨成糊状，在鏊中煎烙而成。其次又描述了煎饼的形状与色泽，“圆如望月，大如铜钲，薄似剡溪之纸，色似黄鹤之翎”。还有的在原料中加入荆葵或蜀黍，这样做出的煎饼其形和色更美，“若易之以荞屑，则如秋练之辉腾，杂之以蜀黍，又如西山日落，返照而霞横”。

赋里还写了煎饼的多种食用方法。一是“夹以脂肤相半之鸡肋，浸以肥腻不二之鸡羹，晨一饱而达暮，腹殷然其雷鸣，备老饕之一啖，亦可以鼓腹而延生”。二是将隔夜的煎饼涂上鹅脂、猪油，重叠后上火烤，待烤酥后而食，“味松酥而爽口，香四散而远飘”。三是在数九寒天，将新烙成的煎饼折叠后，切成丝，放入盐、豉、椒、兰等佐料调匀，再放入锅内略煮，然后再吃，“时霜寒而冰冻，佐小啜于凌朝，额涔涔而欲汗，胜金帐之饮羊羔”，那味道真是太美了！四是在灾荒之年，如果没有大豆作原料，可采摘花椒树和榆树的叶子榨汁，与米面掺合在一起制成煎饼，把酱和大葱卷进煎饼里食用，真是物美价廉，好吃极了。“方且笑锅底饭之不伦，讶五侯鲭之过费”。

煎饼在山东的淄博、泰安、潍坊及沂蒙等地，仍是人们的常食。

24. 薛宝辰：绿色食品说客

薛宝辰，原名秉辰，字寿宪，陕西长安县人。清朝宣统年间曾任翰林院侍读学士、咸安宫总裁、文渊阁校理。辛亥革命后，他离开政坛，潜心佛教，提倡素食，并著有《素食说略》。

薛宝辰在《素食说略》的《自序》及《例言》中，充分论述了素食的长处。他认为：蔬菜本身就富有风味，既保养身体又使身体清爽，“蔬笋自饶风味，佐颐养以清供。”蔬菜与肉食相比，蔬菜清淡、爽口，肉食腥膻。食用蔬菜不会残杀生灵，这样可使飞禽走兽在天地间自由奔跑和飞翔，使鱼儿们在水中畅游，使人们到处都能欣赏到生机盎然的乐趣。人与动物和谐相处，也正反映了“生机贵养，杀戒宜除”的佛家观点。

薛宝辰书中提到，有的人认为素食不如肉食香美，要想使爱好肉食的人们也喜欢素食，就必须使素菜有很好的烹调方法，烹调方法得当，即使是一般蔬菜制成的宴席，吃起来也不会亚于用肉类烹制的美馔佳肴。这样，本来就习惯于素食的人自然爱吃，而那些爱好肥美的老饕们也会改变原来的爱好。薛宝辰说：“技擅烹煎，如翻韦巨源之《食谱》；气涵芬馥，俨披杨万里之蔬经；菔儿芥孙，不逊何曾之饱；烟苗雨叶，仍充薛包之饥。颊韫溢于齿牙，芳洁清其肠胃。”

《素食说略》中记述了清朝末年比较流行的一百七十余款素食的制作方法，既考究又容易操作，适合大众学习借鉴。

25. 李调元：豆腐干歌手

李调元，字羹堂，号雨村，别号童山蠢翁，清代戏曲理论家、文学家，绵州（今四川绵阳）人，著有《童山诗集》、《童山文集》等，辑《函海》四十函。

李调元也像其他的许多文人墨客一样，喜爱家乡的饮食，并对自己了解或食用的，特别是具有家乡特色的菜肴记述于自己的文章之中，如《题青社酒楼》中描述道：“小桥斜枕碧溪流，新柳依依蘸小沟。斑竹笋香供夏馔，来年麦老当秋收。”斑竹，是四川人对青竹之类的称呼。在美丽的夏季，小桥流水边，嫩绿的柳丝缠绵着碧玉般的溪水，竹笋香美，可作下酒的佳肴。在《食芋赠君章》里劝人们多栽芋：“栽树多栽柳，可作析薪具。种蔬多种芋，可作凶年备。岷山多蹲鸱，陈家专其利。十亩白沙干，万叶青枝翠。携锄斫待客，拨火煨相馈。气作龙涎香，色过牛乳腻。”从这段诗中可知道李调元是多么的爱食芋。

李调元最喜爱食用的莫过于豆制品，对豆腐皮、豆腐干、白水豆腐、五香豆腐、豆腐乳等，都有很深的感情，这从他的一组《豆腐》诗中可知道，他不仅在诗中对各种豆腐制作的馔肴进行叙述和赞美，还专写了一首赞美豆腐美味的诗：“诸儒底事口悬河，总为夸张豆昔磨。冯异芜蒌嗤卒办，石崇齑韭笑调和。桐来盐卤醍醐腻，滤出丝罗湩液多。富贵何时须作乐，南山试问落萁么。”组诗的另外三首就是对豆腐皮、豆腐干、白水豆腐等多种豆制品的形象描述，说豆腐皮为“石膏化后浓于酪，水沫挑成绉似衣”；豆腐条为“剁作银条垂缕滑”；豆腐块为“划为玉段截肪肥”；五香豆腐干则香似龙涎，“闻香无处辨龙涎”；白水豆腐味醇厚，“市中白水常成醉”；清油豆腐深受寺僧喜爱，“寺里清油不碍禅”；而豆腐乳让人觉得“逐臭有时入鲍肆”。如此众多的豆腐馔肴，其味之美，“不须玉豆与金笾，味比佳肴尽可捐”。

七、食堂里的那些冤家

1. 孔子与楚昭王：为了一个水果

楚昭王，名壬，春秋时期的楚国君王。

据说，有一天，楚昭王带领着许多人马要渡过一条大江，可是，当他们所乘坐的船只行走到江中间的时候，突然看见大江的前面有很大一个物件，顺着汹涌的波涛一直朝着楚昭王的船只飞速冲撞过来。一群人见了，慌忙掉转船头躲避它。可是，一切都来不及了，只见那个大大的东西不但冲撞着那条船，而且好像附在船的身上一样，一动不动。楚昭王分辨豆不清那东西到底是什么，一时间和他左右的侍臣们惊魂不定。没有办法，楚昭王便命人把那东西从江水里打捞上来，接着决定派两个使者赶快向博学多识的孔子请教。

后来，楚昭王委派的两个使者抬着那个大东西终于见到孔子，并且向他说明来意。孔子听了两个人的口述，又左左右右仔仔细细观察一番，见那东西红得耀眼就像初升的太阳，一边笑着一边对那两个使者介绍道：“你们抬来的这东西是萍蓬草的果实，人们也把它叫做萍实。萍实生长在南方的水里，它的茎就像指头那么粗，叶子大得就像莲叶一样，一般情况下，它在六七月份开花结果，形状就像粽子一样，约两寸左右，它的果实内有一包细子可以采食。”说到这里，孔子捻着胡须笑道：“楚王今天得到的是特大的萍实，我听说，只有称王的人才能得到它，看来这是吉祥之兆啊！”使者听了，忙又问道：“那我们应该怎么处置它呢？”孔子说：“这个简单，你们请楚王把它剖开了食用就是了。”

楚昭王派去的两个使者请教了孔子之后很快又回到楚国，把孔子的话一五一十地学说了一遍，楚昭王马上便让人把那东西打开了，然后把里边的细子取出来品尝，只觉得味甜如蜜，接着就一口气把它吃光了。

虽然楚昭王吃了萍实，但是他并没有因此而取得霸业，却统治了楚国二十七年，逃脱了一次又一次的灾难。后来，人们便把萍蓬草看成是不可多得的吉祥物了。

2. 曹操与杨修：为了一根鸡肋

曹操，字孟德，小字阿瞒，沛国谯（今安徽亳县）人，汉魏间政治家、军事家、诗人。

曹操自幼机警有智谋，好游荡任侠。20岁时，举孝廉为郎，授洛阳北部尉，执法严厉、不避豪强。黄巾起义爆发后，拜骑都尉，参与镇压起义军。初平元年（190），参与关东州郡讨伐董卓，开始建立自己的武装。此后与陶谦、吕布、袁术等连年互相攻战，实力逐渐壮大。建安元年（196），迎汉献帝于洛阳，又奉帝迁都于许昌，拜司空，封武平侯。自此建立了“挟天子以令诸侯”的政治优势。建安五年，官渡一战，击败袁绍，此后即逐步统一了北方广大地区，结束了中原地区长达20年之久的战乱。建安十三年，拜丞相，南征荆州，在赤壁被孙权、刘备联军击败，三国鼎立形势初步形成。建安十八年，封魏公，二十一年，进封魏王。到建安二十三年，曹操率领大军攻打汉中，想打败刘备。可是事与愿违，汉中久攻不下，于是，曹操的大军陷入到进退两难的境地，这是曹操所没有想到的，一时间感到十分恼火，寝食不安。

这天傍晚时分，曹操的厨师为他炖了一碗鸡汤，请曹操品尝一下。曹操猛然看到端上来的那碗鸡汤里有一根鸡肋，于是感触万端。就在这个时候，夏侯惇进到曹操的帐里，问及军中在夜间时的口令。曹操张口说道：“鸡肋。”夏侯惇听了，不明白曹操所说的话里的意思，本想再问问清楚的，但是抬头看到曹操满腹心事在那里低头沉思，不敢打断他，便转身走出帐去。

军中的兵士知道当晚的口令是“鸡肋”，也都不明白什么意思，唯有主簿杨修听了心知肚明，于是，一边笑着一边回到自己的帐中，叫与他随行的一些士兵抓紧收拾行军的行李，准备回程。士兵们听了杨修的话，感到十分吃惊，于是问道：“你怎么会知道魏王要回程呢?”杨修略思片刻，对随行的几个士兵说道：“鸡肋这种东西，丢弃了感觉有些可惜，可是食用它却又得不到什么切实的利益。如果用它来比喻汉中的话，不就知道魏王要还师回程了吗?”士兵们听了，觉得这话很有道理，不住地点头称是，接着便开始收拾起行装来了。

谁也没有想到，士兵们收拾行装这件事情，很快便让曹操知道了。自己的心病那么轻易地就被杨修看透了，曹操于是恼羞成怒，遂以“造言乱军心”的罪名，把杨修杀了。

从此，“味如鸡肋”的成语就这样被流传了下来。人们常常便拿它来比喻那些得到了没有多大意义，舍弃了又感到有些可惜的东西。

3. 曹丕与邓展：为了一段甘蔗

曹丕，字子桓，即魏文帝，魏文学家。他是曹操之妻卞氏所生长子。少年时能文善射，好击剑。建安十六年为五官中郎将、副丞相，二十二年立为魏太子。二十五年正月曹操去世，曹丕嗣位为丞相、魏王。

曹丕生于汉末诸侯混战的中平年间，长于戎马军旅之中，长大后经常随父征战疆场。

有一次，曹丕与平虏将军刘勋、奋威将军邓展在一起宴饮。因为他早就听说过邓展将军通晓兵法，并善于徒手格斗，自称身怀“空手入白刃”的技能，于是便与邓展将军兴致勃勃地讨论起剑法来。两个人谈着谈着，曹丕忽然发现邓展的剑法其实算不得有多么高明，于是就想与他过过招儿。

邓展答应了曹丕的要求。一桌人都已经喝到了酒酣时分，曹丕趁着兴致，顺手拿起正啃着的一根甘蔗作剑，和邓展一起离开了宴席，待走下殿来，两人很快便交起手来。只是几个回合过去，邓展便有些力不从心，一时抵挡不住，臂上连连遭到曹丕的“剑”击，引得在一旁观看的将士大笑不止。众人的笑声，立时引起了邓展的不悦，硬要与曹丕比个高下。曹丕见势对邓展说道：“我是刚刚学了一点儿剑法，所以比较难刺你要害的部位，只能碰一碰你的臂膀罢了，我看，还是别再比了吧！”邓展听了，态度十分坚决，还要曹丕再和他比试一回，于是，曹丕不得不又一次仗蔗为剑，霎时间交战起来。结果，这一回还是邓展输给了曹丕。

4. 薛令之与唐玄宗：为了一盘苜蓿

薛令之，字珍君，号“明月先生”，长溪廉村（今属福安市溪潭镇）人。唐神龙二年（公元706年）中进士，此后，留在长安约30年。

开元中，薛令之为左补阙兼太子侍讲，从此进入东宫承担起教育皇太子的重任。

按照常理，东宫官员们的生活待遇应该是十分丰厚的，但是由于玄宗终日里只是忙于享乐，宰相李林甫借机运用权力，处处限制和约束东宫的官员们，从而使得东宫官员们的处境十分艰险，生活由此也变得十分清苦。在这种境况下，薛令之常常拿苜蓿的嫩茎叶作为每日的食物，又终日里因为自己的雄才大略没有用武之地，而感到十分苦恼。

这一天，薛令之在吃饭的时候，又一次看到盘中盛着的苜蓿食物，不由伤感万分，有感而发便作了一首《自悼》诗：“朝旭上团团，照见先生盘。盘中何所有？苜蓿长阑干。饭涩匙难绾，羹稀箸易宽。只可谋朝夕，那能度岁寒！”写罢，薛令之想了想，就把它题写在了公署的一面墙壁上。

可是，不久之后，唐玄宗来到东宫，自然而然就看到了薛令之题写在墙上的那首自嘲诗，立时，大为不悦，略思片刻，便在那首诗旁边，也信笔写下一首，其中有“若嫌松桂寒，任逐桑榆暖”的句子，那意思再明白不过了，是一道逐客的旨意。后来，薛令之看到了唐玄宗的补题，惶恐不已，称病离开了长安，踏上漫漫回归路。事后，唐玄宗对此事后悔不已，当问道薛令之回乡后的情况，得知他一家十分贫穷时，立即下了一道“令有司资其岁赋”的圣旨。可是，对于朝廷如此亲切的关怀，薛令之却采取了“酌量受之”的谨慎态度。约20年后，他的学生、太子李亨登上唐天子皇位，念念不忘这位正直清廉的老师，将薛令之“以东宫旧恩召之”，然而，为时已晚，薛令之却已经离开了人世。

5. 王安石与夫人：为了一块獐子脯

王安石，字介甫，晚号半山，抚州临川（今属江西）人，北宋政治家、思想家、文学家。仁宗庆历进士。嘉佑三年（1058）上万言书，提出变法主张，要求改变“积贫积弱”的局面，推行富国强兵的政策，抑制官僚地主的兼并，强化统治力量，以防止大规模的农民起义，巩固地主阶级的统治。神宗熙宁二年（1069）任参知政事。次年任宰相，依靠神宗实行变法。并支持五取西河等州，改善对西夏作战的形势。因保守派反对，新法遭到阻碍。熙宁七年辞退。次年再相；九年再辞，还居江宁（今江苏南京），封舒国公，改封荆，世称荆公。

王安石是一个不修边幅的人。人们常常能够看到平时他身上穿的衣服，沾有一块一块的油垢。他的一日三餐也十分简单，从不挑肥捡瘦。但是，王安石在做了参知政事后，有一次，他的夫人于一次偶然的机会听别人说，一段时间以来，王安石特别喜欢吃獐子脯，心里感到十分奇怪，好久也想不明白，于是就去向王安石身边的人打听：“老爷真的十分爱吃獐子脯吗?”王安石身边的人认真地回答说：“我们是因为每一回看到老爷吃饭，他总是能够把一盘獐子脯吃干净，而餐桌上别的什么菜看他一动都不动，所以才这么说的。”夫人听了，接着又问道：“那么，老爷在每餐吃饭的时候，你们把獐子脯放在什么地方呢?”她得到的回答是，放在了离老爷的筷子最近的地方。夫人似乎一下子就明白了什么，于是对那人说：“明天再吃饭的时候，你把其他的什么菜放在他的筷子旁边。”那人听了夫人的话，感到有些莫名其妙，但是还是照她的吩咐去做了。

到了第二天吃饭的时候，人们把别的菜肴放在了王安石的面前，王安石果然把面前那盘菜吃了个精光，而放在别处的那盘獐子脯却全部剩了下来。人们这一下全明白了，原来，他专拣离筷子最近的菜肴啊！同时大家也明白了：原来夫人是老爷的真正知音啊。

6. 苏东坡与刘贡父：为了一顿“三白饭”

苏东坡有一个好朋友名叫刘贡父，时任中书舍人，学问非常渊博，也被人称之为机智大师。他在政治上与苏东坡的许多见解十分相同，性格上也十分相似。两个人经常在一起宴饮。

有一天，苏东坡与刘贡父坐在一起闲聊，说着说着，忽然回忆起小时候在家乡求学的情形，感慨地对刘贡父说：“小时候我和子由在家父的管教下读书，那种生活过得真是清苦啊，一日三餐吃的都是‘三白饭’，可是，那种味道却真是美极了。”刘贡父听了苏东坡的话，感到十分好奇，问道：“你说的‘三白饭’是什么啊？”苏东坡见问，于是回答道：“所谓的三白者，不过是一撮白盐、一碟煮好的白萝卜，另加一碗白米饭了。”刘贡父听了，哈哈大笑起来，并且把这件事情暗暗记在了心里。

几天后，苏东坡忽然收到刘贡父派家仆送过来的一张请帖，只见请帖上这样写着一首打油诗：“万事忧繁苦萦怀，方常来日逐桩开。忙里偷闲亦为雅，明日舍下皛饭待。”苏东坡一看就明白了，原来是刘贡父请他去吃饭，但是，苏东坡却怎么也搞不清楚刘贡父所请吃的“皛饭”到底是什么，自问道：“都说刘贡父书读得多，知识渊博，想必这皛饭一定有所出处的。”

说话的工夫就到了第二天，苏东坡准时来到刘贡父的府上，两个人在书房里一直谈笑到了中午时，苏东坡才忍着饥饿看到刘贡父的家人摆上来一撮盐，接着又摆上来一碟萝卜和一碗米饭。刘贡父看了看被端上来的饭菜，又看了看苏东坡，笑着说道：“学士公既然这样怀念家乡的‘三白饭’，所以，我今天特地为你准备了‘三白饭’，请您用餐吧。”苏东坡这才知道自己上了刘贡父的当，但是没有办法，他只好把桌上的饭菜吃干净了。饭后，苏东坡在告别刘贡父时，突然灵机一动，回过头来，十分认真地对刘贡父说：“明天你到我家来玩，我一定亲自做一回‘毳饭’款待你。”

刘贡父听说吃毳饭，一时有些疑惑，怕被苏东坡戏弄，但又抑制不住好奇心，不知‘毳饭’是什么，最后还是答应他如期前往。

刘贡父来到苏东坡家时天已过午了，肚子里早就有些饿了，但是这时的餐桌上还是一片空空。过了一会儿，刘贡父感到自己已经有些饥饿难忍，于是便向苏东坡索要食物，苏轼却依然镇定地说；“别着急，你再等一会儿。”又一块儿熬过了一个时辰，刘贡父继续向他索食，苏东坡仍然让他稍等一会儿。这时候，刘贡父几乎乞求般地对苏东坡说道：“不行了，我真的饥不能忍了。”要求苏东坡赶快摆“毳饭”上来。苏东坡见状，这才缓缓说道：“盐也毛（没），萝卜也毛（没），米饭也毛（没）这就叫三毛‘毳’饭啊。”苏东坡的这句话，说的是四川眉山方言，“没”与“毛”同音。刘贡父听了，这才恍然大悟，指着苏东坡笑道：“我晓得你要报复我，但是我却想不到你要饿死我啊！”苏东坡也大笑不止，这才叫家人摆上酒菜，二人开始痛饮起来，至日暮方才散去。“三白饭”的故事从此也便不胫而走，被后人传为饮食佳话。

7. 林洪与止止师：为了一顿火锅

林洪，字可山，号龙发。宋朝人。

林洪生性喜欢结交朋友，相互间少不了来往，由此，他到过许多朋友家品尝美味。

有一天，林洪去游览武夷的六曲，拜访止止师。他们在山上走着走着，突然惊喜地看到一只被箭致伤的兔子，于是便逮住了，想把它做成美味。但是，一时又找不到做这美味的厨师。这时，止止师对林洪说道：“其实，要想把它做成一道美味佳肴，根本用不着什么厨师的。”林洪不解，便问：“没有厨师又怎么能把它做成美味呢?”止止师说：“山里有一种吃法，十分简单。只要先把兔肉剥皮洗净，然后切成薄片，用酒、酱、花椒等调料浸渍一下，再把风炉放到桌上，烧上半锅水，水开以后，把筷子分给大家，挟起兔肉放进滚开的水里摆动几下汆熟它，而后按每个人不同的口味，蘸上不同的味汁食用就可以了。”林洪听了，觉得止止师的办法非常可取，于是就照法炮制，果然，那味道不同寻常，食用中的气氛也变得欢快起来，很有趣味。

几年之后，林洪来到京城临安（今杭州），在他的朋友杨泳斋的宴席上，又一次见到了与几年前山中涮食兔肉一样的吃法。杨泳斋出身于名门大家，一向爱好古学，素日里崇尚俭朴，却有着山林人家的情趣，不由使得林洪心生出敬佩之情，遂作诗赞道："浪涌晴江雪，风翻晚照霞。……醉忆山中味，都忘贵客来。"

后来，林洪还将自己的所见所闻，都记录进了《山家清供》一书里，把涮兔肉取名为"拨霞供"，并言道："猪肉、羊肉皆可用此方法食用。"

应该说，"拨霞供"的涮肉方法，是当今火锅较为原始的一种记录。

8. 董桃眉与曹学佺：为了一桌家宴

据说，董桃眉被认为是明代时烹饪技艺绝伦的一个女厨。她曾经在曹学佺的府中做厨师，平日里自称是"天厨星"下凡。

曹学佺，字能始，又字尊生，号雁泽，自号石仓居士、西蜂居士，闽侯县人。他为人耿直，不阿权贵。博学多才，诗、词、文、史、曲、戏无不涉及，内容浩繁。曹学佺为万历年间进士，天启中官广西参议。明朝末年政治黑暗，朝廷互相倾轧，清正耿直的曹学佺屡遭排挤而贬官削职，只得回归故里，构筑五仓园，园里设楼台亭榭，素日以著书赋诗为乐。

曹学佺对于饮食也有极大的爱好，堪称美食家。因为董桃眉的烹调技艺不同一般，所以曹学佺只喜欢吃她做的饭菜，而每次外出赴宴，一旦吃不到董桃眉做的饭菜，就会感到索然无味。

一次，曹学佺在家里宴请朋友，其中一位客人在吃过董桃眉做的菜肴后，喜不自禁地问曹学佺："这些佳肴是我平生品尝到的最好的一次，却不知道它到底出自谁手啊？"曹学佺如实回答道："这是我新近得到的家厨名叫董桃眉的女厨烹制的。"那位朋友又接着问道："既然是这样，不知道能不能让她到我那里烹制一餐呢？"曹学佺觉得自己的家厨被人如此赏识，心里十分高兴，于是便满口答应下来，同时让一个仆人把这件事情告诉给董桃眉。

可是不曾想，董桃眉听到这个消息，表示坚决不从。别人劝说不了，曹学佺便亲自劝说她。但是，即便是一家之主也没有能够把她说服，曹学佺于是大怒起来，一气之下声称要赶她出去。董桃眉听了，神情自若地望着曹学佺说道："大人，我本是天厨星下凡，只因为你原本是天上的仙官，所以我才来尽心尽力侍奉你的。而你的那个朋友不过是个凡夫俗子，他怎么能有天厨为他烹肴的福分呢？"话音刚落，转过身去，挥一挥衣袖便向西去了，只是片刻的工夫就不见了踪影。自那以后，再也没有人得到过她的下落。

9. 黄敬临与四川童子：为了一家餐厅

黄敬临，名循，敬临、晋临是他的别号，原籍江西，生于四川，清末民初人。曾中秀才，后纳资为员外郎，供职光禄寺三年。因受慈禧太后赏识，赏以四品顶戴，故有“御厨”之称。

黄敬临是前清秀才，酷爱诗文、古董、山水园林和交朋结友，晚年尚能写一手工整的蝇头小楷。因为常常出入于官场，所以参加宴会的机会很多，而当他每次遇到可口的或者珍奇的菜肴，他都要把做菜的厨师请出来，直到刨根问底弄个明白。如果还不能说明白这道菜的妙处，那么他就会亲自跑到厨房里，认真而仔细地看厨师怎么操作、烹调。时间长了，黄敬临也就成了当地著名的美食家，对各种菜品的制作十分精通。

民国成立后，黄敬临先以知事分发广东，后又调回四川，先后担任射洪、巫山两县知事。后因厌恶官宦生涯，不愿“给军阀当走狗”而弃政从商，在成都南门外陕西街创办“姑姑筵”，自命“油锅边镇守使，加封煨炖将军”。其创办的菜肴结合宫廷风味与四川风味，能贵能贱，特重火候，开厨艺学术化之先河。

说起来，“姑姑宴”起源于四川孩子间操办的一种游戏，分真办和假办两类。真办，则是由几个幼童事先约定，由谁带锅盘碗筷，由谁出油盐米面，按照约定好的时间到郊野某处捡柴架灶，点火做饭，同时采些野菜淘洗，待煮好后大家一起品尝，名为吃“姑姑宴”；而如果是假办，则是从市场上买些相关的炊厨玩具，由几个儿童分别装扮成厨师、招待、主人、客人等，之后模仿大人宴客的样子，表演吃“姑姑宴”。美食大家黄敬临创办“姑姑宴”餐馆，便是受了它的启发。

“姑姑宴”的菜品，如樟茶鸭子、香花鸡丝、坛子肉、烧牛头方、酸菜鱿鱼、豆渣烘猪头、叉烧肉、青筒鱼、酸菜煮黄腊丁、软炸班指、麻椒牛筋等，至今仍在一些川菜馆里流传。这些菜品都是由黄敬临经过学习、研究后首创的。

黄敬临开办“姑姑宴”的席位有一定的数量，最多时不能超过四桌。所有菜品都是以家庭风味、时鲜蔬菜和煨炖菜式为主。每至餐时，黄敬临都会自拟席单，并且亲自下到厨房尝味把关，自任招待端菜上席，并为席位上的客人详细介绍菜肴的制作。这样一来，便使得包席者既满足了口福又兼得了耳福。

据悉，黄敬临曾有过写一本烹饪书的念头。他说自己“往年在成都省五女子师范充任烹饪教师，曾分：熏、蒸、烘、爆、烤、酱、炸、卤、煎、糟十门，今打算就此条分缕析，写一教科书，但兹事体大，苦没暇晷时光，奈何!”

抗战爆发后，国民政府内迁重庆，“姑姑筵”还很火爆。1941年，日机轰炸重庆，黄敬临本来卧病在床，又受到了这样的惊吓，不由加重了病情，不久后就离开了人世，而由他开创的“姑姑筵”菜系从此后也便渐趋衰落下去。